做对社会有价值的事

翻轉學

翻轉學

# 工作的本質

**5階段 ×14個工作法 ×28張圖表，**

**樊登幫助每一個職場人突破工作難關、解決問題**

樊登 著

CONTENTS 目錄

# 好評推薦

「非常推薦這本既有啟發性同時又能當工具的好書。它指引大家發現工作背後的深層意義，同時提出許多具體、科學工作方法，讀者可以提升工作效率，實現職涯的發展，進而提升個人幸福感和滿足感。」

——JonJon MBA，知識型 YouTuber

作者序
# 工作是最好的修行

每逢假期，常看到許多人在網路上分享各種請假攻略，盤算著如何安排休更多天。但事實上，這種方式無法真正提升假期的品質，反而會讓休假中的你感到更焦慮，你會像期待放假一樣，倒數著還剩幾天要上班。當我們把人生切割成工作和生活的時候，分別心會時時刻刻折磨著你。結果是工作時總想著海邊的吊床，躺在吊床上時卻又煩惱著怎麼應付難搞的客戶。

當然，我遇過把工作與生活分得一清二楚的工作者。這位朋友已經是非常有經驗且高階的專業經理人了，他從不抱怨工作，因為他把工作視為一種「必要之惡」。為了獲得生活的享受和美好，他願意忍受工作的痛苦。想通了，就不抱怨了，可以戴著職業精神的面具來應付工作中的種種不愉快。心理學把這種想法稱作「習得無助感」（Learned helplessness），也就是經過生活的「教育」，終於學會了用無助的心態來對待難以克服的困難。大象很少試圖掙脫不牢固的鎖鏈，不是因為力氣不足，而是因為從小就被這條鎖鏈限制，牠已經接受現實了。

然而，真相並非如此。大象可以掙脫鎖鏈，我們也可以重新認識工作。分別心讓我們賦予每一個當下不同的意義，無論身體在承受什麼，我們的思想都已經開始叫苦叫累了。事實上，坐在辦公桌旁寫作和坐在咖啡館裡寫作有多大差別呢？坐在會議室開會和坐在客廳聊天又有多大差別呢？生活的真相就是換個地方行住坐臥而已，是我們自己的定義讓工作變成不得不承受的痛苦。

換個角度想一想，有沒有可能你的工作被很多人羨慕呢？尤其是那些根本沒資格獲得這份工作的人。當然，過度美化工作也是一種分別心，也加入了幻想的成分。**所以我們要做的就是用真實的態度面對工作，工作是生活的一部分，你當下所做的工作就是你當下人生的全部。投入其中，認真地談話、寫字、思考、行動，這幾乎就是修行的全部了。**

孟子說「必有事焉」，就是明朝哲學家王陽明強調的在事上磨練。我們希望透過修行來強化我們的內心，但強化的內心是用來做什麼的呢？只有躲在深山安靜的茶室中才能平心靜氣，那不叫修行，那只是一種修行的姿勢而已。真正的修行，就體現在每一天的工作中。如何和顏悅色地與同事說話、如何清晰明確地安排事項、如何在別人不理解的時候坦白溝通，如何在獲得成績時不揚揚自得……這些事沒有一件不是人生大事。

如果只是這樣號召大家熱愛工作，那就是真正的心靈雞湯了。而本書提供了許多能夠讓工作變得更親切的方法，拾階而上就能成為一個對工作有辦法的人。有辦法才能更加心平氣和，所謂修行也就有了跨出去的第一步。

# 第 1 章

# 職場生存<br>要靠真本事

只有當你在某個領域，
精進為一個專家時，
你才能掌握話語權，
才能改變命運。

# 01 把工作當成自己的事業

人生如一場修煉，而工作是最好的修煉方式。

——稻盛和夫

推薦閱讀：《稻盛和夫：工作的方法》

## 引言

日本有經營四聖：索尼創辦人盛田昭夫、松下創辦人松下幸之助、本田創辦人本田宗一郎、京瓷創辦人稻盛和夫。稻盛和夫創立京瓷時年僅二十七歲，而京瓷現在已成為日本市值最高的公司之一。他在五十二歲時創辦的第二電電（KDDI），在日本的通訊業相當於中國的聯通，也與京瓷一樣成了世界五百強企業。更令人佩服的是，他在七十八歲高齡、罹患胃癌的情況下，應日本政府的請求，接手日航，僅用一年時間就轉虧為盈，使日航重回世界五百強！

這樣一位「經營之聖」卻在退休時將自己的個人股份全部捐獻給員工，轉而追求更高層的心智提升。他認為，人生就是提升心智的過程。這樣的超脫，使他擁有了俯瞰人生的視野。

在日本泡沫經濟的蕭條時期，越來越多人「厭惡勞動」、「逃避工作責任」，有的人期待一夜暴富後就脫離工作、享受生活，有的年輕人甚至不工作，依靠打零工或「啃老」度日。稻盛和夫於是將自己的人生經驗和質樸的「勞動觀」寫成《稻盛和夫：工作的方法》一書，分享於眾，希望幫助大家重新思考工作和人生的意義。這本書在全球範圍內影響著數以千萬的人，我在春節期間讀完《稻盛和夫：工作的方法》，看完後迫不及待地又畫心智圖，又做PPT，想早日與大家分享。假期即將結束時的朋友圈，瀰漫著那種對於工作的排斥。如果我們能認真學習《稻盛和夫：工作的方法》，體會稻盛和夫所說的工作觀，你會發現，工作本身就可以成為幸福的來源。

也許你會認為這是老闆的洗腦術：我們努力工作，就是他們的快樂！的確有三位著名的中國企業家非常推崇這本書——阿里巴巴的馬雲、海爾的張瑞敏、新東方的俞敏洪。如果你稍微了解一下，就知道他們的勤奮程度，你根本看不到他們對工作的一絲抱怨。要知道，崇尚稻盛和夫的人並不是因為當了老闆才提倡《稻盛和夫：工作的方法》，而是因為《稻盛和夫：工作的方法》

才成了老闆！

稻盛和夫熱愛工作，認為工作是最好的修煉方式，並且一直身體力行。現在有很多人都把工作當成一種「必要之惡」：工作是為了擁有美好生活而必須付出的代價、必須承受的苦難。而稻盛和夫說，工作是萬病的良藥，是解決一切問題最重要的良藥；只要認真工作，就能夠治癒各種各樣的病痛。

稻盛和夫經常問那些將工作看成「必要之惡」的人：「難得來這世上走一回，你的人生真的有價值嗎？你人生的價值是怎麼體現出來的呢？是你忍受了很多不愉快的工作體現出生活的價值嗎？還是你帳戶上的錢體現出工作的價值呢？」這些當然都不是，稻盛和夫認為，只有在工作中磨練心性才是價值的體現。這與王陽明的心學何其相似，把工作當作修行，挑戰自我，磨練心性，在業績、報酬增加的同時，也使自己的閱歷、能力、見識、智慧得到了精進。

## 工作究竟為了什麼

稻盛和夫先生於一九三二年出生在日本鹿兒島，鹿兒島位於日本最南端，溫泉、火山、森林密布，自然風景瑰麗，旅遊業發達。稻盛和夫二十三歲畢業於鹿兒島大學，這是一所以醫學著稱的日本二流大學。看起來，這就是一個小鎮的普通青年上了一所普通大學，絲毫看不出有任何發跡的現象。不過，另三位「經營之聖」也好不到哪兒去，除了盛田昭夫讀的是大阪大學，松下幸之助連小學都沒畢業，本田宗一郎也僅讀完小學。

因為戰爭，稻盛和夫的早年經歷頗為坎坷，十五歲之前因戰火而挨餓受窮。那時候，他經常因為這些苦難而苦惱，盼望著戰爭能儘早結束。他想成為醫生，但後來考試失利，錯過了自己心儀的醫學院，也錯過了那些一流的大學。無奈考進鹿兒島大學學習化學工程的他，必須接受自己不喜歡的專業、不喜歡的學校。不過，他最終成功躋身這所大學最著名的校友之列。

一九五五年畢業時，稻盛和夫又不幸遭遇經濟大蕭條，經由老師推薦才進入一家陶瓷廠工作，這家陶瓷廠就是京瓷的前身。最初，陶瓷廠效益極差，連薪水都發不出，作為一名那個時代的大學生，這份陶瓷廠的工作看起來沒什麼前途。與他同時入職的同事都相繼離職，身邊的人也都勸他離開。

稻盛和夫堅持到了最後，同時入職的大學生只剩下他和另外一個畢業於京都大學的高才生，他倆商量著乾脆去報考自衛隊後備幹部團算了。由於整體素質不錯，兩人都透過考核，眼看著一位「經營之聖」就要成為一個阿兵哥了。

好在雖然考試透過了，但是還需要家人將戶籍證明寄給他，才能正式進入軍營。那個一起考試的同事很快就收到戶口本去參軍了，然而稻盛和夫直到最後，也沒有收到家人的任何回信，最終失去了參軍的機會。後來才知道，他的哥哥對他從公司離開去參軍的想法異常生氣。哥哥訓斥他：「家裡節衣縮食把你送進大學，多虧老師介紹才進了京都的公司，結果你就因為一點點不滿，不到半年就忍不住要辭職，真是個忘恩負義的傢伙！」稻盛和夫被哥哥教訓，羞愧難當，只得回去上班。

於是，二十三歲的稻盛和夫回到陶瓷廠，繼續從事研發工作。但情況沒有好轉，拿不到工資，生活都無以為繼。在最困難的時候，他甚至想過乾脆去投靠黑社會算了。但想想哥哥的反應，參軍都被臭罵一頓，更別提加入黑社會了。

人家是天無絕人之路，稻盛和夫則是「天要絕其所有出路」，因為嚴格的政策、嚴厲的哥哥，他不得不一條道走到黑。既然生活之苦暫時沒有辦法解決，既然沒有別的出路，他就決定先好好工作，並且給自己定了一個要求：**絕對不要抱怨，認真去做**。

可見年輕人的成功不是一蹴而就的，就連以意志力著稱的稻盛和夫，也需要時間和環境的歷練，有時候需要讓自己在艱苦的環境下磨練，有時候一個嚴厲的人才是自己真正的「貴人」。

## 什麼才叫「認真」工作

關於「認真」，稻盛和夫是怎樣「認真」工作的呢？

稻盛和夫把鍋碗瓢盆全部搬到工廠裡，每天吃住都在工廠，徹底跟陶瓷生活在一起。他請公司幫著訂閱一些最新的、關於陶瓷的英文雜誌，了解行業的前沿技術動態，全身心投入相關課題的研發。每天不是在做實驗，就是在看雜誌，廢寢忘食。經過了一番如此艱苦的「認真」，他終於迎來了人生中第一個真正的成功。

當時，公司要求他研發鎂橄欖石，其中最大的難題是無法將鎂橄欖石黏合在一起，他一天到晚、吃飯睡覺都在想解決辦法。有一天，他無意間踢翻了一桶松香，松香黏在了他的褲子上。就在那一刻，他突然感受到了「神的啟示」：這就是最好的黏合劑啊！於是，他開始用松香做黏合鎂橄欖石的實驗，難題由此被攻克。

這真是個神奇的發現：啃論文、泡實驗室都沒得到的東西，最終卻是由「一腳之力」得來的。難道是「上帝」，難道是神靈，難道是佛祖看他這麼辛苦，忍不住給他一個提示？稻盛和夫認為，這個「保佑」全是因為他每天日思夜想的都是這個問題，所以當他踢翻那桶松香的瞬間，靈感就乍現了。

這個問題在我讀完《大腦喜歡這樣學習》（*A Mind for Numbers*）這本書之後，得到了準確的解釋：神經學家發現人類大腦有兩種思維模式，即「專注模式」和「發散模式」。在專注模式下，你的各個腦區都將注意力集中到具體問題上，就像手電筒發出的集中光束一樣，直接投射到具體目標上，你會把關於這個問題的常規性內容都想過一遍。在發散模式下，這個過程如同手電筒在照射遠方，雖然光強降低，卻更為分散。此時大腦放鬆，不同腦區的聯繫會增多，有機會產生富有創造力的想法，更容易出現靈感。那麼是不是有創造力的人都不需要專注模式，只要發散模式就夠了呢？正如那句老話，「巧婦難為無米之炊」，發散就是那個巧婦，沒有專注的米，她也做不出好飯。而稻盛和夫的日思夜想已經準備好了香噴噴的大米，只等那臨門一腳的巧婦來了。

回到正題，他的這項發明為公司帶來了巨大的利潤，也讓這個發不出工資的陶瓷廠從此擁有了領先的、極具競爭力的技術。

對稻盛和夫來說，這次成功帶給他的最大的收穫，不是使他擺脫生活窘境的獎金，也不是享譽行業的研究成果，而是他發現了自己對工作的興趣和熱愛：「工作真的太有意思了，工作這件事太有挑戰了，現在給我什麼我都不會換，我就喜歡工作！」他從一個排斥工作的人，透過自己的艱苦努力和專注投入，變成一個熱愛工作的人。他從科研工作中發現了美好，而這些美好也許就是外人眼中枯燥無味的部分。

其實，我們身邊也存在很多這樣的人，在此要表達一下我對父親的崇拜。我的父親是一位大學的數學教授，他沒有別的愛好，就是愛做數學題。每天上課、輔導學生、寫論文，都是在做數學題，回到家有空了還是在做數學題。我從小到大，他一貫如此。他有很多厚厚的本子，精心地整理著很多數學習題，筆跡非常工整。有一次，我在微信朋友圈晒了一下我父親的筆記，引來了很多極少露臉的朋友按讚。雖然我父親的筆記都是我看不懂的符號，但那就是數學家的生活、數學家的書法。他認為做數學題這件事不僅是工作，還是他的娛樂。值得誇讚我自己的是，雖然我沒有繼承父親對數學的興趣，但我在讀書領域盡得真傳。經常有人問我：「樊老師，你一天到晚看書，要啃那麼多大部頭，跨那麼多領域，肯定特別累、特別辛苦吧？」我要告訴大家的是，讀書是我的工作，也是我的娛樂，**挑戰自己的舒適圈，是一件讓人特別滿足又有成就感的事**。你們若見到我，儘管向我推薦好書就是了。

《Google 模式》（*How Google Works*）一書講述了 Google 的一個招聘原則：不要招聘根本不在意事件背後價值的人，因為他看不到事情的意義，也不會成為一個創意菁英。我們經常會碰到一些人，張口閉口「那時候我在玩影視」、「那時候我主要玩燈光」、「那時候我主要玩攝影」，他們用「玩」這個詞，就是古人講的那種「不厚重」。當你認真、敬業地對待工作時，你就能讓自己的人格變得厚重起來。

日本電影《送行者》講述了一個大提琴手因為樂隊解散，找了一份幫逝者化妝的工作。這個年輕人最初非常排斥這份工作，認為一輩子做這個工作沒有意義，搞不好還會影響自己戀愛結婚。但是隨著一次次介入整個葬禮的過程，他逐漸發現了這份工作的意義，體會到這種藝術獨特的美。一部獲得金雞獎的中國電影《那人那山那狗》講的也是類似的故事：一位郵差帶著一條狗，翻過很多山頭，日復一日地送信，一輩子沒有掉過一封信。每次觀看這種優秀的影片都會帶來一些衝擊和震撼，會幫助每個人梳理自己的工作、人生：**當你認真對待一份工作的時候，你的心性就會變得不一樣，認真做事可以提升心智，認真工作可以昇華人格**。那些能夠把小事認認真真做到極致的人，都值得我們敬佩。

稻盛和夫認為，通常西方人會更加排斥工作，因為他們把工作和生活對立起來，「罷工」屢屢上演，而東方人鮮少有這個問題大概源於文化的不同。在東方，日本民族向來就非常勤奮、任勞任怨。現在，西方思潮不斷侵入日本，讓很多年輕人也認為工作是一種「必要之惡」。其實仔細想想前人的生活，尤其是在農村生活過的老一輩，印象最深的就是他們都是閒不住的人，一年四季總要找點事情做才行，閒下來就覺得難受。所以，把工作和生活對立起來的思想，實際上太受束縛了。

請記住稻盛和夫的這些話，會成為助你一臂之力的精神財富：工作能夠造就人格，不要把它跟生活對立。**極度認真地工作，能夠扭轉你的人生。在最絕望、最無助的時候，就應該認真地投入工作。**

## 學會和工作談戀愛

我的職場經歷算是比較順利的，畢業後就直接進入中央電視台。工作中我也曾有過低谷，記得最難的時候，我做新節目的實驗，做一個掛一個，連續掛掉了好幾個，那一段時間真的覺得特別無助。那時候我就想，如果做節目總是沒有思路，我還能做點什麼呢？於是，我開始讀書。我用一年時間把各種版本的《論語》都讀完了：從南懷瑾的、李澤厚的、錢穆的……到朱熹的注解版，甚至是張居正給皇帝講的《論語》。讀完後慢慢開始體會，心逐漸定下來，人也變得厚重有料。

**當你實在無助的時候，就努力吧。**沮喪、頹廢、喝酒、蓄鬚……這些只能暫緩壓力，而只有努力才能扭轉人生。這也是稻盛和夫透過自己工作之初的經歷告訴我們工作的意義。

當你透過自己的努力發現了工作的意義之後，就不會再認為工作僅僅是為了賺錢。設想有一天，你突然走了偏財運，中了一千萬元的彩券，興匆匆地買房、辭職。剛開始，你可能無所事事，不用為溫飽擔憂，不用為生活努力。但隨著時間的推移，你會一直覺得幸福嗎？你會不會覺得這種單調的生活很無趣呢？可能很快，你的幸福感就會大幅降低，也不會再獲得解決棘手問題的成就感，而人性中那些美好的東西也會漸漸離你遠去。

京瓷公司在稻盛和夫經營了十幾年後就上市了，一直做到日本市值第一，稻盛和夫都沒有拋售過一股京瓷的股票，因為他覺得自己不需要賺那麼多錢。他是一個享受工作的人，他覺得工作就是在和「貪、嗔、痴」三毒做抗衡。只有「愚直地、認真地、專業地、誠實地」投身於自己的工作，才能減少「貪、嗔、痴」的傷害。

怎樣才算是努力工作呢？稻盛和夫說：「你要學會和工作談戀愛。」有一次，稻盛和夫在研究中做出很漂亮的資料，他興奮得從地上一躍而起，還跟旁邊的同事說：「你也應該高興啊！」沒想到，同事用鄙夷的眼光看著他：「稻盛，說句心裡話，值得男子漢興奮得跳起來的事情，一生中也難有幾回。看你的樣子，動不動就高興得手舞足蹈，現在甚至叫我也跟你一起高興，該說你是輕薄好呢，還是輕率好呢？總之，我的人生觀與你不一樣。」稻盛和夫當時被無情潑冷水：「難道我錯了嗎？」但是他突然就想明白了：「要想堅持這種枯燥的研究，有了成果就應該真摯地表達高興。這種喜悅和感動能夠給我們的工作注入新的動力，特別是在現在研究經費不足、研究環境很差的條件下……」這就是兩個人價值觀的不同。幾年之後，那位同事早已離職，而稻盛和夫則帶領著京瓷成為日本市值第一的公司。

努力工作就意味著，不要只把別人分配的工作當成一種任務，而應該看作一項天職，這樣才能盡情享受每一項工作的過程。如果你長期努力做一件事，你就會慢慢愛上它，會主動想要做好，工作也漸漸變成了人生的必需品。

有一次，稻盛和夫在研究一種「水冷複式水管」的產品時，遇到了一個難題：一種製作特長水管的陶瓷，要把它燒到整體均勻而不發生裂痕，這極其困難，他們試了很多次都沒成功。於是，稻盛和夫整晚躺在爐子旁邊，抱著水管一邊睡覺一邊翻滾，就這樣滾了一整晚，終於給燒製成了。如果不是真正熱愛，怎麼能做到抱著產品睡覺呢？這才是「和工作談戀愛」的感覺。

不僅如此，稻盛和夫還說他能夠聽到產品的「哭泣」：只要站在爐子旁邊，就能聽出燒製的產品有沒有瑕疵。有一個更奇特的經歷是，稻盛和夫坐著車，突然告訴司機：「車子壞了。」司機不信：「沒壞啊，明明開得挺好的。」他說：「不對，我聽到了車子裡一個特別的聲音，那是車子在哭泣。」司機沒轍，只好停車檢查，就是沒發現哪裡出了問題。最後汽車被送到維修廠，檢修時發現發動機上有一個螺絲掉了，如果不管它，很可能釀成事故。一個小小的螺絲掉了居然都能被稻盛和夫聽出來，他可以說是到了朱熹所謂「格物致知」的境界，進入到對產品「瘋魔」的狀態了。

你如果真的對產品「瘋魔」了，在任何一個行業都會發展得很好，無關乎行業的競爭激烈與否，更無關乎你所處的是朝陽產業還是夕陽產業。我曾經看過一則貼文，很欣賞其中的一句話：「不是生意越來越難做，而是專業的人越來越多。」混日子賺錢的時代已經一去不復返，只有當**你在某個領域精進為一個專家時，才能掌握話語權，才能改變命運。**

## 工作者的三種類型

稻盛和夫將工作者分為三種類型——不燃型、可燃型、自燃型（見圖表1）。所謂「不燃型」（或稱「阻燃型」）的人，就是無論你怎樣勸說、激勵，都無法激起工作熱情的人，他會認為「你是在給我洗腦」、「你只是想利用我」。所謂「可燃型」的人，是指透過外部的激勵，可以做好工作的人。所謂「自燃型」的人，就像火柴一樣，一劃就點燃，根本不需要外界的激勵，每天都有很多新點子，時刻思考怎樣把事情做得更好。

老闆和員工經常會有這樣的矛盾：員工覺得老闆太善變了，一會兒要做這個，一會兒要做那個，總是在變；員工希望的是，最好拿著固定的薪資，按部就班地做一件事。這就是「自燃型」的管理者和「可燃型」或「不燃型」的員工之間的區別。

不幸的是，我們現在的教育抹殺孩子大部分對世界的探索精神。我們的教育往往強調，只要被動接受並且完成就可以了，正是這種模式，培養了我們被動的心態。這種心態一旦形成，再想要將其轉化成「自燃型」的人就非常困難了。我希望《稻盛和夫：工作的方法》這本書可以穿透讀者的心靈，讓那些曾經是「不燃型」的人，從小處開始轉變，慢慢轉化成為

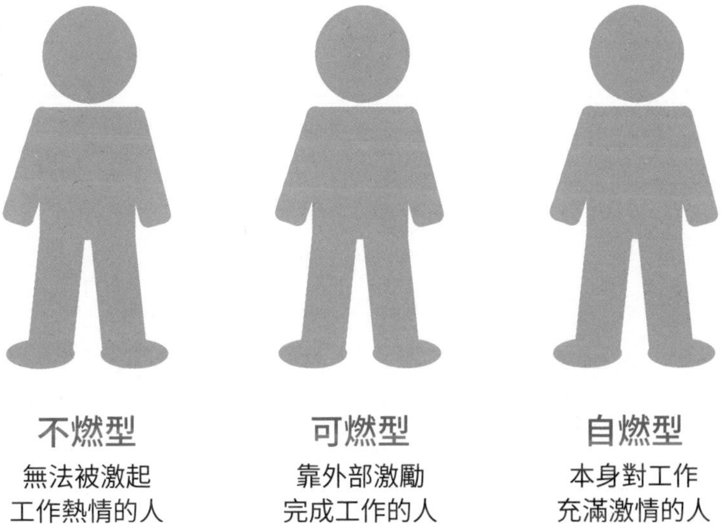


圖表 1　人的三種類型

「可燃型」，甚至是「自燃型」的人。這樣，愛上自己的工作，就指日可待了。

## 經營好企業的四大祕訣

如何把公司經營好？稻盛和夫有四個經典的建議：

1. 要不斷樹立更高的目標。
2. 要付出不亞於任何人的努力。
3. 不要有感性的煩惱。
4. 一定要嚴酷地磨練自己。

# 經營企業的四大祕訣

不斷樹立更高的目標

＋

付出不亞於任何人的努力

＋

不要有感性的煩惱

＋

嚴酷地磨練自己

## 不斷樹立更高的目標

稻盛和夫在創建京瓷時，全公司只有二十八名員工。這個只有二十八名員工的公司最終成為世界第一，靠的就是一個個小目標的實現：首先要成為開發區第一的企業，其次要成為中京區第一，再次是京都第一，又次是日本第一，最後是世界第一。循序漸進，一口一口地吃，最後總能吃成一個胖子。就是這樣一個又一個循序漸進的設立目標和完成，成就了現在的京瓷。老闆的格局決定了公司的大小，稻盛和夫認為，**作為一個管理者、企業家，要敢於不斷對公司、員工設立更高的目標**。

有人問稻盛和夫京瓷研發的成功率是多少，稻盛和夫回答：「凡是京瓷公司著手研發的專案，百分之百會成功。」這聽起來不可思議，每家企業都可能會有研發失敗的案例，成功率怎麼可能是百分之百呢？稻盛和夫回答：「京瓷公司對待任何一個研發項目的態度都是『不成功不甘休』的，因此以失敗而告終的項目基本上不存在。『做到成功為止』是我們京瓷人的研發精神。」

京瓷初創時，既無品牌，又無市場，大部分客戶都已經被大企業壟斷，他只能接到一些別人做不了的「非常規」訂單。每當客戶問京瓷能否接受時，稻盛和夫就會問一個時間期限，然後毫無條件地承諾在約定好的時間交貨。稻盛和夫是一個科研工作者，他從來不問產品的難度，只會過不斷實驗來研發，按時交出完美的產品。就這樣，京瓷能夠做出其他人都做不出的產品，一步一個腳印地累積大量客戶。

在京瓷的發展歷程中，最鍛鍊它的客戶是松下。在京瓷成功後，稻盛和夫曾經找到松下幸之助，深深地向他鞠躬：「謝謝您當年鍛鍊了我。」因為松下是大採購商，所以每一次都把採購價格壓得很低，第一次降一〇%，一些供貨方就退出了；再降一〇%，大多數人都不幹了。只有稻盛和夫，永遠鞠一個躬，說句「謝謝您」，然後無條件簽約。既然你壓低價格，那我就想辦法研發能降低成本，還能保證品質的產品。最後的結果是，當歐美的電器企業開始在日本尋找供應商的時候，沒有一家企業能夠競爭得過京瓷。京瓷用這種低成本接單的方式鍛鍊出極強的競爭力，包括英特爾和IBM在內的世界級公司都來找京瓷合作。

## 付出不亞於任何人的努力

有一次，京瓷給IBM做了二十萬個零組件，因為不符合要求全部被退回。這要是賠償起來，公司都要倒閉。負責的實驗人員當即就感覺要「完蛋了」，打擊太沉重，不如切腹自殺。這時候，稻盛和夫問他：「你有沒有向神祈禱過？你不是說所有的方法都試過了嗎？那麼，你有沒有向神祈禱過？」這個年輕人想了一會兒，突然明白了，重新投入到工作中。還記得稻盛和夫踢翻松香的故事嗎？神在什麼時候會幫你呢？稻盛和夫認為，只有在你百分之百地付出之後，神才會幫助你。經過全身心的付出，他們那次成功向ＩＢＭ交付了四千萬個零組件。沒有人能隨隨便便成功，要想成功，就要付出不亞於任何人的努力。

## 不要有感性的煩惱

年輕人在工作中容易出現感性的煩惱。很多人辭職，原因是「老闆對我態度不好」、「主管對我大材小用」、「同事不給我面子」，這些和工作有什麼關係呢？稻盛和夫很反感年輕人總是感嘆過去不能改變的事情，比如：「我當年要是努力，現在肯定出類拔萃。」、「如果教育體制改革，我現在也不至於這樣。」、「社會太不公平了。」、「房價這麼高，怎麼能買得起。」……這些感性的煩惱，都會影響你的心境，進而影響你與他人的溝通。選拔領導者時，情商非常重要。有的人聰明能幹，但是情緒不穩定，不是發脾氣就是言語相譏，很容易讓整個團隊士氣低落，即使再聰明能幹，也難以勝任領導者的職位。

感性的煩惱，就像王陽明所說的「私欲」。工作受挫、親人生病時，情緒低落是正常的，但是到捶胸頓足，甚至精神崩潰的地步，就過度了。之所以會過度，主要是因為心中存有私欲，如果能去掉私欲，就不至於「失意忘形」。**減少感性的煩惱，也會讓我們更專注於「做事」本身，而非情緒。**

## 嚴酷地磨練自己

稻盛和夫認為，在創業過程中，像水牛一樣的人往往比像豹子一樣的人更容易成功。豹子的爆發力很強，但不能參與長跑，只能短期突破；水牛有韌性，可以年復一年不停地前進。稻盛和夫在選人時，更喜歡「七十分人才」，而不喜歡那些特別聰明的人。他認為特別聰明的人是不安分的，容易產生感性的煩惱而選擇離開。但是「七十分人才」則更有韌性：他們雖然看起來不那麼聰明，但耐得住性子在一個地方、一個領域鑽研。他認為，**人所獲得的成功和聰明程度關係不大，卻和鑽研程度有關。**

現實中大多數人都是普通人，特別聰明的人少之又少。但如果每一個普通人都能夠像水牛一樣堅韌踏實，在自己的專業領域耕耘，那麼他們身上就都蘊藏著難以預估的潛力，總有一天會創造出驚喜。

## 出色的工作產生於完美主義

在產品方面，稻盛和夫提出要做到「百分百的完美」，這是連百分之一的失誤都不允許的狀態。北歐航空的老總在他的《關鍵時刻》（*Moments of Truth*）一書中分享了一個觀點：服務客戶的關鍵時刻是「每時每刻」。在與客戶溝通的過程中，任何一個時刻令顧客不滿，之前的努力就都白費了。稻盛和夫也持有這樣的觀點。京瓷的一位推銷員曾拿著一個近乎完美的產品去推銷，卻因為產品一個極小的細節沒有處理好而被客戶破口大罵。想想一個大男人，因為被罵哭泣著狼狽而歸的場景。稻盛和夫要求，完美就是要做出能夠劃破手指的產品：就像剛剛印出來的鈔票，彷彿只要碰一下，手指就會被劃破。

這種「完美」和歐洲人說的「最好」是不同的。所謂「最好」，是有比較的，意味著你比其他人強，而「完美」不存在比較，它所向無敵。

### 預見成功的狀態

很多人都分享過這種方法，就是在做事之前，先預想成功的狀態，這樣的畫面感會讓你更有動力。

在參加國際大專辯論會的時候，我預想過很多次自己站在領獎台上的樣子，接著往前推演：結束時評委怎樣評論、怎麼宣布比賽分數，以及我們等待時的焦灼、險勝後歡呼的場景。到決賽之前，我甚至會預想對手可能會說什麼話，我會用怎樣的語言辯論。真正辯論的時候，我發現之前在腦海中預想的很多場景、很多對話竟然真實發生了，而最後取勝的場景也和預想的差不多。所以，要在腦海中預想成功的狀態，如果你想像出成功的狀態和場景，成功就會更容易實現。這也是全身心投入，要求百分百完美的狀態。

## 動機至善，私心了無

有人會問，這樣的要求會不會太高，稻盛和夫會不會太累？稻盛和夫九十多歲時，雖然罹患胃癌，依然生活得很愉快。就像文章開頭所說的，工作本身就是一種修行，如果不把工作當作一種「必要之惡」，就不會存在這樣的問題。在工作時，拿出「自燃型」的精神，享受工作，追求百分百的完美，修煉自己的心性。

在創建第二電電之前，稻盛和夫問自己，要不要嘗試第二次創業，尤其是跨行業涉足行動通訊領域。他不斷問自己，是不是「動機至善，私心了無」。經過長時間的參禪，他得到了內心的回復，便開始第二次創業。後來，他七十多歲接手日航，也是出於這個信念，使他一次又一次獲得了成功。

「動機至善，私心了無」是陽明心學的精髓。包括稻盛和夫在內的諸多日本企業家都非常推崇王陽明：去除自己心中那一點私欲，用良知、知行合一在世間磨練。希望每個人都能透過稻盛和夫的思想改善自己的工作和生活，成為一個更好的人。過好每一天，就是成功之道。

## 結語

《稻盛和夫：工作的方法》這本書尤其適合現在節奏越來越快的時代。稻盛和夫將自己一生的經歷和哲學感悟傳遞給我們，當我們把工作當成人生的一場修煉，全力以赴追求完美時，我們的心性就會大幅提升，自然能夠體會工作的充實和生命的意義。

能夠出於對社會的責任來從事工作，

這樣不管你從事哪種工作，

都會分外享受。

# 02 讓匠人精神融入職業規劃

先德行，後技能。己成，則物成。
——秋山利輝

推薦閱讀：《匠人精神》

## 引言

「匠人精神」是時下的熱門關鍵詞，但曾幾何時，「大工廠」、「機械化」、「生產線」才是先進的代名詞，工業化創造了其他時代所無法想像的財富。傳統意義的匠人是什麼？機械、重複、不需要多少文化的工作，許多影視作品裡的木匠、鐵匠、棉花匠都是辛苦的底層勞工形象。

但《匠人精神》顛覆了這種刻板印象。截至二〇一三年，全球壽命超過兩百年的企業，日本有三千一百四十六家，位居全球第一。德國有八百三十七家，荷蘭有兩百二十二家，法國有一百九十六家。為什麼長壽企業集中出現在這些國家？這是一種偶然嗎？它們長壽的祕訣是什麼呢？答案就是匠人精神。與其說那些優秀的百年老店傳承的是一門技藝，不如說它們首先傳承的是匠人的氣質——沉著、堅持、精益求精的心性。

在日本，這樣的匠人精神比比皆是：《送行者》中的葬儀師，能把各色人等的遺體打扮得如同在睡覺一樣；神戶的岡野信雄，能把任何汙損、破爛的舊書修復如新；若林克彥研製出永不鬆動的螺絲打敗了大公司，成為日本新幹線的供應商。他們的成功已經超越了技藝層面，被賦予了更多精神層面的意義。他們用一生的時間，用十幾代人的投入只做一件事，焉能不精！

《匠人精神》是日本木工業傳奇人物秋山利輝的大作，其創立的「秋山木工」的訂製家具常見於日本宮內廳、迎賓館、國會議事堂等。秋山先生強調「先德行，後技能」、「己成，則物成」的大道。他創立了一套一流人才的育成法則——匠人須知30條，幫助我們有效磨練心性和品格，受到社會各界所推崇。

# 匠人的人品比技術更重要

## 一流的匠人，必有一流的心性

匠人精神是什麼？大多數人可能會說嚴謹、細緻、執著，其實遠不止於此。秋山利輝認為，匠人精神最重要的是擁有一顆孝心。如果你做的所有事情都對得起父母，讓父母感到驕傲，你才會極致地對待每一個細節。古聖先賢認為「君子務本，本立而道生」，那什麼是君子的「本」呢？一是「發心」，解決「為何」的問題；二是「願力」，解決「如何」的問題。我們對自己發心去做的正確事情，無論如何都能無怨無悔地堅持。發心怎麼教？磨練心性，以孝育人。秋山利輝先生其實是在用倫理治理工廠，這類似於中國古代提倡的「以孝治天下」。他在帶徒弟的過程中，九五％的時間都在教做人，只有五％的時間在教技術。而這九五％的做人決定了你能否成為一名真正的匠人。

## 匠人獨特的研修制度

「秋山木工」制定了一套長達八年的獨特的「匠人研修制度」。凡是想要成為家具匠人的人，必須在秋山學校完成一年的學徒見習課程，培養學徒成為匠人的心性和基本生活習慣。只有結束一年見習期的人，才有可能被錄用為正式學徒，然後開始為期四年的基本訓練、工作規劃和匠人須知。經過四年的淬鍊，只有在技術和心性上成熟的人，才被認定為匠人，可以獨當一面。成為匠人三年之後，八年期滿，學徒離開。

秋山利輝沒有要求學徒留下來替他打工，也不認為徒弟是他的私有財產。他把徒弟視為傳承日本木工文化的一顆顆種子，他希望這些徒弟走向世界各地，讓大家了解手工業的美好之處。他堅信手工打造的藝術品一樣的家具在世界依然會有市場。秋山利輝說：「如果一直待在我的手下，他們終究只能在秋山木工一展身手，而我的任務是培養能造福社會的匠人。他們必須為大家提供能使用幾十年甚至幾個世代的真正家具，所以我不能讓他們充當自己的分身為我工作。」秋山利輝沒有傳統的門派之見，他鼓勵學徒離開後自己創業或者去別的木工廠學習，因為他當年就是在不同的木工廠學習，收穫了不同的技藝。他的目標是將木工的精神和手藝發揚光大。

## 秋山木工的十條規則

進入秋山木工學習的人，首先需要學習以下十條重要規則，這十條規則決定了匠人精神是如何傳承和貫徹的。

1. 每一個人都要能夠說出完整的自我介紹

所有人都被要求在一分鐘之內準確地做自我介紹，不僅要介紹「叫什麼，從哪兒來」，還要介紹「想做一個什麼樣的人，目標是什麼」。這不同於一般的自我介紹，除了個人基本資訊，還有個人的目標和願景。每當你做自我介紹時，其實都在強化自己的願景。

2. 被秋山學校錄取的學徒，無論男女，一律剃光頭

剃光頭是為了讓學徒們拋開雜念，全身心地投入到木工的學習中。

3. 禁止使用手機，只許書信聯繫

秋山利輝認為，一個人如果不會用書信表達感情，他就不能做出有感情的產品。當我們習慣用微信中的表情符號來表達自己的情感後，整個人都變得不那麼細膩了。

4. 每年只有兩次共十天假期可以回家，分別是八月盂蘭盆節*和春節

離家之後，我們才會更理解父母有多麼不易，更感念父母之恩。

**5.** 禁止接受父母匯寄的生活費和零用錢

秋山利輝帶徒弟非但不收費，反而發工錢，因為他認為徒弟同時也是他的工人，需要支付酬勞。既然學徒有收入，那麼就不得向父母要錢。添置任何工具，小到鑿子、鐵錘、尺規，都需要自己賺錢購買，只有這樣，才會格外珍惜。

**6.** 研修期間，絕對禁止談戀愛

戀愛過的人大概都能明白那種精神恍惚、思之若狂的情感，讓人無法心無旁騖地專心學習，所以談戀愛是絕對禁止的。

**7.** 早晨從跑步開始

每天晨跑十五分鐘，既鍛鍊身體，又振作精神。秋山利輝已經超過七十歲高齡，依然每天與學徒一起晨跑。

＊每年農曆七月十五日為盂蘭盆節，也稱中元節。

## 8. 大家一起做飯，禁止挑食

木工需要配合，所以聊天是非常重要的一項技能，做飯正好是促進大家溝通的一種方式。而挑食的人往往也會挑工作、挑合作夥伴，一定不會成為一個優秀的匠人。

## 9. 工作之前先掃除

工作之前需要打掃工作現場，同時還要打掃鄰里的街道，把周圍的一切安排得井井有條。從西方心理學的角度來分析，周遭環境的整潔可以提高一個人的自尊水準。當自尊水準提高後，一個人會對自己提出更高的要求，並且積極實現這些要求。

我曾經去合肥的海爾公司講課，洗衣機廠的廠長帶我去生產現場參觀。進廠前，他遞給我一雙白手套，說：「樊老師，您戴上這雙白手套，隨便挑選一台機器，只要把白手套摸髒了，就算我們管理不力！」我們想像中的工廠雖不至於「髒亂差」，但畢竟是工業機器，怎麼可能用雪白的手套去摸都不會髒呢？但海爾的洗衣機廠就是能做到這一點，並且他們的白手套被掛在工廠門口，隨時等待檢驗。

### 10. 朝會上，齊聲高喊「匠人須知30條」

一個匠人從入廠到離開，幾乎要喊上萬遍匠人須知。因為除了每天的朝會，師父還會突擊檢查，當有人來參觀交流時，也需要流利背誦。這樣反覆朗誦，是為了不斷給自己心理暗示，讓這些標準滲透到潛意識中。真正的高手，出手時都是下意識的，不需要也容不得思考，比如古龍小說中的「小李飛刀，例無虛發」、日本劍聖宮本武藏說的「決勝在刀鞘之內」，以及運動員在攻擊和防衛時的動作。當優秀匠人的習慣融入血液之中，遇到困難和突發事件，自然也處變不驚了。

#### 匠人須知30條

「匠人須知30條」濃縮了禮儀、感謝、尊敬、關懷、謙虛……這些都是做人之本，與中國傳統文化的「仁義禮智信，溫良恭儉讓」也是一脈相承的。每一條須知的前半句都是「進入作業場所前」，這句話是一個提醒，提醒我們把工作視為一件「神聖之事」。比如，我準備講書，坐在攝影機前需要提醒自己；你準備和客戶談判，進入客戶辦公室前需要提醒自己；清潔工進入打掃的場所前需要提醒自己；理髮師走到客戶身邊，拿起工具時需要提醒自己……

### 1. 進入作業場所前，必須先學會打招呼

給人留下第一印象的好壞，與見面瞬間的打招呼有關。一個能夠熱情地與他人打招呼的人，也一定能夠熱情地與人交流，從而獲得客戶的好感。所以，要想成為一流匠人，第一步便是要充滿活力地大聲與人打招呼，贏得客戶的好感。如果最初做不好也不要緊，全力以赴練習一個月，直到能夠熱情、充滿自信地與客戶打招呼為止。

### 2. 進入作業場所前，必須先學會聯絡、報告、協商

聯絡、報告、協商是一個匠人的基本行為要求：當你對一個問題沒把握時，可以請教一下師兄或師父，這叫聯絡；告訴師父自己遇到的問題，然後詢問師父「您看這個事怎麼辦」，這叫報告；與客戶討論如何解決問題，這叫協商。聯絡、報告、協商可以幫助你明確職責，判斷問題，找到解決方案。這不是簡單地對自己訓練，而是明確怎樣在團隊中合作。

### 3. 進入作業場所前，必須是一個開朗的人

職場經歷不可能一帆風順，可能會被斥責、被批評，如果你不能控制自己的情緒，工作效率就必然受到影響。所以，保持頭腦簡單，開朗一點，不要瞻前顧後，試著放下自尊和矜持，讓自

己「變傻」一點，聽別人說話，看別人做事，培養自己的鈍感力（渡邊淳一在《鈍感力》一書中提出了這一概念，他認為，現代人不要對日常生活太過敏感，鈍感力，即遲鈍的能力，是非常必要的），不那麼敏感，這樣我們才能帶著感恩的心，以笑臉回應對方。

## 4. 進入作業場所前，必須成為不會讓周圍的人變得焦躁的人

秋山利輝說：「那些讓周圍的人變得焦躁的人，多半是習慣以自我為中心，不會考慮別人感受的人。總是優先考慮自身利益，從不站在他人立場上為別人著想的人，是不可能關心客戶的。」

我有一次去車站附近的一家小飯館吃飯，一進去就感覺飯館所有的服務人員都只關心一件事，就是試圖讓我離開。周圍沒有其他飯館，我只好硬著頭皮點餐，問了好幾種菜品，服務員冷冷地說：「這個沒有，那個也沒了，只有套餐。」沒辦法，只好點一個套餐，問大概多長時間，服務員說：「半個小時，你能等嗎？」既然沒有別的選擇，那就等吧。於是先付錢，等了十來分鐘，飯好了。我正吃著飯，服務員開始把旁邊的凳子架到桌子上，一邊架一邊說：「你到那邊吃吧，這邊我要拖地。」你能想像我正在吃飯，桌子上架滿了凳子，然後腳下開始拖地的狀況嗎？關鍵是，那時才晚上七點，正是用餐時間，我硬是忍住脾氣把飯吃完了，但內心真是焦躁啊！當時我就特別希望有更多人能了解這本關於匠人精神的書。

## 5. 進入作業場所前，必須能夠正確聽懂別人的話

如果一個匠人沒聽明白客戶的要求，就貿然行動，必然會事倍功半。有的人喜歡打斷別人說話並且自以為是地下定論，不等對方說完就說「我知道」，往往曲解了客戶的意圖。如果一個匠人清楚明白客戶的需求，知道怎麼做才能讓對方驚喜，結果肯定是截然不同的。

## 6. 進入作業場所前，必須先是和藹可親、好相處的人

我曾經見過幾位優秀的設計師，有的是服裝設計，有的是珠寶設計，無一例外的是，和他們聊天令人神清氣爽、意猶未盡。因為他們特別善於體察客戶的需求，並且尊重客戶的選擇，這樣設計出來的產品才能讓客戶滿意。

如果讓你選擇，你願意讓態度誠懇的人服務，還是態度惡劣的人服務？如果你是上司，你願意帶和藹可親的人，還是臉色緊繃的人去重要場合應酬？答案不言而喻。

用親切的態度面對客戶，如果對方滿意，自然會成為回頭客。而以親切的態度對待工作夥伴，大家的凝聚力就會提升，能在短時間內獲得極大的成果。如此一來，工作自然就能不斷精進。

**7.** 進入作業場所前，必須成為有責任心的人

有責任心的人，不僅對自己、對父母、對同伴、對客戶負責，甚至還會對社會負責。這種責任心可以讓我們集中心力工作，面對困難堅韌不拔，遇到問題主動面對。我希望大家能夠出於對社會的責任來從事工作，這樣不管你從事哪種工作，都會分外享受。

**8.** 進入作業場所前，必須成為能夠好好回應的人

在與他人交談的時候，需要明確做出回應，比如「是的」、「可以」。要知道，在日本回答「是」都非常果斷，他們很少說「差不多」、「還行」。很好的回應也能夠讓對方更願意與你進一步溝通，明確他的需求，這樣才能避免錯誤發生，準確無誤地製作產品。

**9.** 進入作業場所前，必須成為能為他人著想的人

沒有關懷他人之心，就無法成為好匠人。一個能夠設身處地、處處為他人著想的人，他的工作必然能夠打動人心。

## 10. 進入作業場所前，必須成為「愛管閒事」的人

秋山利輝自己就是個「愛管閒事」的人。徒弟的坐姿不好，他要管；徒弟吃相不好，他也要管。他認為「愛管閒事」不是件壞事，「各人自掃門前雪，莫管他人瓦上霜」才可怕。你有沒有聽過「這事不歸我管，你找×××」這樣的話？一定有。如果是客戶被敷衍，他一定火冒三丈，認為對方是在踢皮球，再想挽回，就難上加難了。

公司中總有一些灰色地帶界線不明，如果有人能「管點閒事」，多做一點或是多問一句，工作立刻就會順利很多，甚至會有意想不到的收穫。我家有個親戚是一位優秀的保險業務員，業績做到全陝西省第一名，非常厲害。她有次下班時看見一位客戶在大廳咆哮：「你們保險公司都是騙子……」這其實跟她沒關係，但她還是主動上前詢問：「先生，您是不是有什麼不滿意？您可以跟我說說。」客戶不客氣地說：「妳是幹麼的？」她說：「我就是您罵的這家公司的，我不是領導，但是我想讓您知道我們不是騙子，所以看看能不能幫您解決問題。」客戶一聽，脾氣也緩和下來。接著，她幫客戶解決了理賠的問題。沒想到過了幾天，客戶找到她，居然主動購買了一百萬元的保險。

《Google 模式》介紹了 Google 公司的一條理念——菁英是沒有地盤意識的，與秋山利輝的想法如出一轍。「愛管閒事」的人，都有一顆「把事情做得更好」的心，自然能夠成長得更快，

收穫自然也更多。

## 11. 進入作業場所前，必須成為執著的人

這裡的「執著」不同於佛教中的「執念」，更類似於「精進」，對事情「不放棄」，努力做到「更好」。每逢盂蘭盆節，徒弟們都回家了，偌大的工廠就剩下秋山利輝一個人。他把木料蒐集起來，開始發揮自己的創意。有一次，他打造了一張大家從來沒有見過的桌子，等到徒弟們回來，非常詫異，大家都在猜這用的是什麼工藝，實在太奇特了。所以，執著就是不斷精進，想辦法把事情做得更好。

## 12. 進入作業場所前，必須成為有時間觀念的人

一個隨意遲到或找各種藉口遲到的人，一定不會成為優秀的匠人。有時間觀念的人會信守承諾，合理安排時間，在約定時間之內達成要求，這也是對他人的尊重。總是在意時間的人，一定也是走在前面的人。如果一個人以兩倍的速度學習，就能在一年內獲得兩年的成長。

### 13. 進入作業場所前，必須成為隨時準備好工具的人

工具配備得整齊完善，就可以馬上投入工作，進而提高工作效率。此外，工具是幫助我們生活和工作的夥伴，收拾整齊是對它們表達感謝的方式。中國宋明理學強調「誠」字。你對鑿子或錘子有沒有誠意？當你能像對待朋友一樣對待這些工具的時候，你就做到了「格物致知」，也表明了你的工作態度。

### 14. 進入作業場所前，必須成為很會打掃整理的人

收拾打掃是工作的最後一道程式，直接影響到下次工作的展開。這不僅是為了找東西方便，還代表著一種態度。比如理髮師的工具包、醫生的手術器具、修理師傅的工具箱，客戶會依此來評定你是否專業。

### 15. 進入作業場所前，必須成為明白自身立場的人

「明白自身立場」就是要在工作中對自己有準確的定位，扮演什麼角色就唱什麼戲。師父的立場，如同戰場上的將軍，發號施令，統籌全域。而匠人的立場就是迅速、正確執行上級的指示。人的立場有很多種，只有不斷思考自己所處的立場，才能夠理解對方的意願，進而明白自己該怎

麼做，然後付諸行動。

《論語》記載，子路曰：「衛君待子而為政，子將奚先？」子曰：「必也正名乎！」子路曰：「有是哉，子之迂也！奚其正？」子曰：「野哉，由也！君子於其所不知，蓋闕如也。名不正，則言不順；言不順，則事不成……」說的是，孔子要到衛國為政，子路問他最先做什麼。孔子說首先必須正名分，子路覺得沒這個必要。孔子表示，名不正，則言不順；言不順，政令就很難施行。所以我們**首先需要弄清楚自己所處的立場，明白自己的職責**。

## 16. 進入作業場所前，必須成為能夠積極思考的人

秋山利輝小時候學習很差，體育也不好，幾乎一無所長。他十六歲開始當學徒，之所以可以成為日本最有名的匠人之一，是因為他相信「天生我材必有用」，堅持學習，從不自我貶損。

我們在人生旅途中會遭遇各式各樣的難題。不論發生什麼，我們都應該想到，生而為人來到世上是多麼不易的一件事。每個人往前追溯十代到約三百年前，會有一千零二十四位祖先，其中只要少了任何一人，就不會有現在的自己。所以我們是帶著多麼幸運的基因誕生的，是多麼獨特的存在。我們必須帶著積極思考的能力前行。

**17.** 進入作業場所前，必須成為懂得感恩的人

心懷感激，是匠人的基礎，即使遭遇挫折，感恩也能讓我們變得謙虛。能對所有事物心懷感恩的人，必然是能持續成長的人。

**18.** 進入作業場所前，必須成為注重儀容的人

秋山木工的匠人和學員，每個人都穿著統一的工作服，胸前繡著自己的工房名和姓名。他們每次去拜訪客戶的時候，必須準備一雙白襪子，在進門時換上。商務場合很少穿白襪子，因為不好搭配衣服，但他們為什麼選擇白色的襪子呢？因為安全。白色襪子醒目，可以清楚分辨腳所站的地方，避免踩到異物而受傷。除此之外，白色也代表乾淨和自信，高檔餐廳的桌布、高檔酒店的床單也會選擇用白色。

**19.** 進入作業場所前，必須成為樂於助人的人

我曾遇過一位課程助理，讓我印象深刻，他是我迄今為止見過最棒的課程助理。我講課時通常不需要助理幫忙，所以他在一邊旁聽。課程結束後他告訴我，我的排版不夠專業，所以他幫忙把所有的課程內容重排了一遍，連別錯字也順手改好了。排完之後，他把新的檔案拷貝給我，同

時列印了一份紙稿，方便我閱讀和複印。這簡直太讓人感動了，直到現在我都記得他。

所謂「助人」，是指在看出對方需要什麼之後，預先採取行動，提供對方需要的說明。當別人要求你時才採取行動，是下下策；別人做什麼，你也跟著做，是中策；別人沒有要求，你就能提前意識到並採取行動，是上上策。

## 20. 進入作業場所前，必須成為能夠熟練使用工具的人

如果善用工具能夠達到如臂使指的境界，那麼優秀的作品自然指日可待。但要達到善用工具的境界，需要不停訓練，而且要不斷突破你的舒適圈。

## 21. 進入作業場所前，必須成為能夠做好自我介紹的人

這條在秋山木工的十條規則中介紹過，就是在介紹自己時能同時說出自己的目標、願景，甚至價值觀。

## 22. 進入作業場所前，必須成為能夠擁有「自豪感」的人

對一名匠人來說，帶著榮譽感做事很重要。盡量使用簡單易懂的語言，讓客戶感受你的喜悅

和自豪。比如，匠人向客戶交貨時，可以誇誇自己製作的家具：「我們做的家具使用的是××地方產的××木材，為了讓家具和擺放空間協調，我們花費了不少心思。」當你與所有人分享自豪感時，你的工作也會獲得別人的尊重。

## 23. 進入作業場所前，必須成為能夠好好發表意見的人

秋山利輝的工廠，氛圍開放，大家對於工作經常探討，每個人都會分享自己的看法：「如果是我，我會……」對於遇到的問題，大家有商有量，共同解決。

需要注意的是，「好好發表意見」不是「指手畫腳」，而是提出建設性意見。什麼叫建設性意見？你打開GPS導航就能感覺到，全是建設性意見：「前方請右轉」、「前方請迴轉」、「您已偏航，重新規劃路線，前方兩百公尺請迴轉」……它永遠都在幫你做下一個重要的決定。

阿里巴巴人力資源總監曾經在演講中說過這樣一句話：「我在阿里巴巴最重要的工作，就是在馬雲做任何決策的時候，我都保證這個決策更正確。」CEO的決策並不總是對的，討論和建議都是在決策做出之前的工作。一旦決策做出後，她不是反對或質疑，而是努力讓這件事往更正確的方向發展，這就是建設性工作。

**24.** 進入作業場所前，必須成為勤寫書信的人

秋山利輝在服務完每一位客戶後都會給他寫一封信，而且經常與老客戶寫信保持溝通，寫信是能夠給人帶來好感的一種方式。

我做讀書會需要審閱大量的圖書，然後挑選適合的書講給大家。很多人都會主動向我推薦書，有一位出版社的編輯對我的影響很大。她每次寄書時都會寫一封信，夾在書中一同寄來，她推薦的書我也會格外關注。慢慢地，我會覺得這是一種獨特的溝通方式，當你的文字帶著真情實感，它會比千篇一律的問候，更能打動人心。

**25.** 進入作業場所前，必須成為樂意打掃廁所的人

這個規則聽起來比較令人費解，秋山利輝是這樣解釋的：「廁所和心靈是我們每天都要使用的東西，如果不保持清潔的話，就一定會出現麻煩。」世人只知心靈高潔、廁所汙臭，卻不知高潔可以從汙臭中來，透過洗刷最髒的場所，可以磨練自己的心智。

**26.** 進入作業場所前，必須成為善於打電話的人

美國一位優秀的銷售人員曾說：「你在電話這端是否微笑，對方能夠聽見。」人的聽覺很敏

感，即使只聽聲音，也知道對方是嚴肅以對還是微笑回應。另外，需要簡明易懂地表達自己，避免使用模糊的字眼，回答一定要具體。

## 27. 進入作業場所前，必須成為吃飯速度快的人

索尼曾經有一個徵才怪招，把前來應徵的新人集合到大廳吃飯，老闆在二樓暗中觀察，但凡吃飯慢的，直接淘汰，不允許進入下一輪測試。這簡直匪夷所思，因為從健康角度來講，吃飯就是應該細嚼慢嚥。但是，日本匠人的工作常常需要集體配合，所以工作和吃飯都要在一起，只要有一個人吃飯慢了，就會影響所有人的工作。所以，匠人精神提倡「必須成為吃飯速度快的人」，這也是對他人的尊敬。

## 28. 進入作業場所前，必須成為花錢謹慎的人

大家是否發現，創新最活躍的地方，往往都是資源最貧乏的地方。比如日本，我們稱之為「彈丸之地」，其土地資源、礦產資源都不豐富。窮則思變，日本人花費巨大的精力去改善，所以日本也是全球創新最活躍的國家之一。

花錢太多，意味著資源太豐富，反而讓你忘記在工藝上改良，所以匠人必須成為花錢謹慎

的人。

## 29. 進入作業場所前，必須成為「會打算盤」的人

這是帶有行業特色的一項要求，因為秋山利輝認為，一流的匠人需要快速算出產品所需的材料、時間、人工等。「會打算盤」一方面可以幫助計算，另一方面可以鍛鍊手指的靈活度，一雙巧手也是匠人不可或缺的。

## 30. 進入作業場所前，必須成為能夠撰寫簡要工作報告的人

秋山木工的學徒每人會發一個大大的素描本，每天訓練後都需要寫工作報告。報告需要記錄成功，也要記錄失敗，透過前輩審閱後寫的評語，了解自己為什麼會失敗。大約一兩個月就能寫完一本筆記，寄回給父母，也要求父母寫上鼓勵的話。你能想像父母看見原來不那麼聽話的孩子寫的一整本厚厚的筆記時的感覺嗎？鼓勵的話語可想而知，而學徒需要在晨會中大聲朗讀這些話。一個孩子大半年無法回家見父母，他們幾乎是一邊哭一邊讀，肩負父母的期許，帶著對父母的感激，怎能不精進！

這30條規則，三分之一與溝通有關，剩下的大部分與尊重、習慣、磨礪心性相關，直接與技術相關的，只有第13條和第20條。這就是秋山利輝為什麼說，「九五%的時間都在教做人，只有五%的時間在教技術」。

「匠人精神」不僅僅適用於木工，還適用於各行各業的從業人員。無論在哪個行業，要想成為一流的人才，都需要發揮自己的潛能，在精神和身體兩方面打好扎實的基礎，累積知識，才能成就卓越。

## 一流匠人的成長之路

要想成為一流匠人，必須經歷「守、破、離」

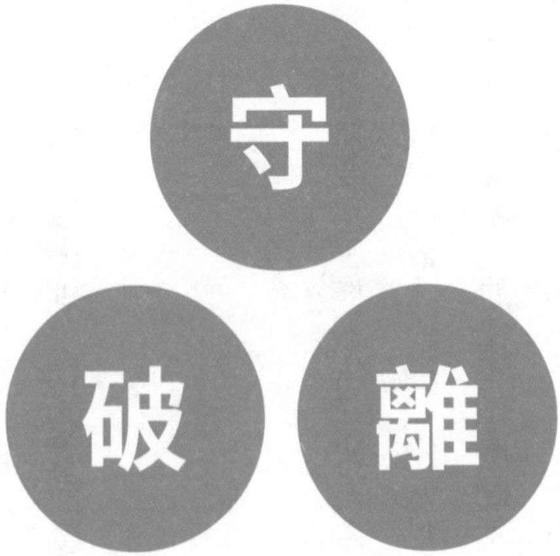


圖表 2　成為一流匠人的三階段

三個階段（見圖表2）。

「守」，就是跟隨師父學習，模仿作為匠人所具備的一切要素，忠實、全力吸收師父所傳授的知識。我認識一位知名編劇，他剛剛入行的時候摸不著門路，於是想到用「看著電影說劇本」的方式來訓練自己。他把所有能想到的優秀電影都找來，看著電影場景，用語言描述出來。如此反覆，久而久之，他越來越能摸清優秀電影的亮點。這就是「守」，是「破」的基礎。

「破」，就是在全部吸收師父傳授的知識，形成了堅實的基礎後，在既定的形式中加入自己的想法，形成自己的風格。

「離」，指的是從師父那裡脫離出來，開創自己新境界的階段，就像在秋山木工，匠人從第九年開始獨立，尋求新的突破。

## 結語

我們都知道，一流的產品必然源自一流的人才。要想成為一流的人才，必然要有一流的心性。而一流的心性是怎樣磨礪而成的？不是靠苦練技藝，也不是靠翻閱書本，而是從打招呼、掃廁所、熟練使用工具等瑣碎點滴磨礪而成的。誰能想到決定一流產品、一流人才、一流心性的竟然是平日生活和工作的細節修煉。

所謂「合抱之木，生於毫末；九層之台，起於累土」，正是這樣的道理。因此，不必對「高大上」抱以羨畏之心，如果你能從小事、俗事、平常事做起，秉承匠人精神，你也一樣可以成就精采的人生！

# 第 2 章

# 找到自己的行動力開關

在生活和工作中，
任何造成你反應過度
或者反應不足的事情，
都可能反過來控制你。

# 03 向時間管理要效益

雖然整日事務纏身，卻仍然能夠頭腦清醒、輕鬆自如地控制和處理一切。

——大衛・艾倫（David Allen）

推薦閱讀：《搞定》（*Getting Things Done*）

## 引言

在當今這個節奏快、壓力大的生活環境中，時間管理、提升效率是每個人都在思考和探索的事情。時間對於每個人都是公平的，有的人終日忙忙碌碌，卻無成效；有的人井井有條，即使工作繁重也氣定神閒，並且還能取得不錯的成績。

為什麼有的人效率高，而有的人效率低呢？美國管理學大師史蒂芬．柯維（Stephen Covey）曾提出「四象限法則」的時間管理理論，用「重要」和「緊急」兩個維度把事情分為四類（見圖表3）：重要且緊急、重要但不緊急、不重要但緊急、不重要也不緊急。他告誡我們，要少做不重要也不緊急的事，優先做重要且緊急的事，給重要但不緊急的事情留出足夠的時間，這樣才有可能讓重要而緊急的事逐漸減少。

如果一個人整天都在做不重

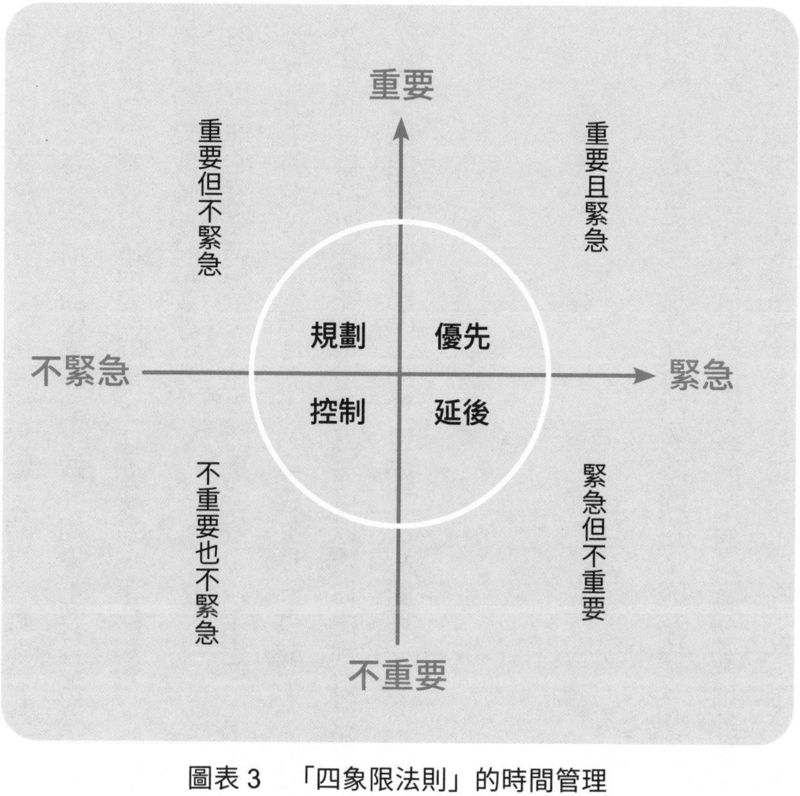


圖表3　「四象限法則」的時間管理

要也不緊急的事，那他的人生終將碌碌無為。如果總是在做不重要而很緊急的事，雖然看起來很忙，但是沒有什麼成效，對於這類事，要想辦法委託給別人做或盡量少做。如果重要且緊急的事做得太多，壓力就會倍增，難免「忙中出錯」。重要但不緊急的事，比如學習、策略規劃、培養下屬成長，如果長期不顧不管，它們慢慢就會變成重要且緊急的事。

這個時間管理理論受到廣泛認同，但在長期的實踐過程中，並不總是奏效。《搞定》這本書提供了一種操作更強的時間管理方法，由其英文書名首字母組合而成的「GTD」也成了一個時間管理的專有名詞，它代表作者大衛．艾倫的目標時間管理法。這種方法可以讓你達到自己想像中的一種最佳狀態：雖然每天事務纏身，卻仍然能夠頭腦清醒，輕鬆自如控制和處理一切。

## 心無雜念，安於當下

為什麼很多人雖然懂了時間管理的道理，卻依舊無法管理好自己的時間呢？因為儘管知道重要且緊急的事需要做，但總是無法集中注意力。比如，我給自己留出完整的兩個小時做某項計畫，但總是定不下心來，不是想著下午有個重要的談判，就是想著晚上還要講課，這些都是緊急的工作。結果心裡煩躁，也沒辦法安心準備那項計畫。很不幸，這就是現在很多人生活和工作的狀態——心不在焉。你的心並沒有放在你所做的這件事上。

孟子曰：「學問之道無他，求其放心而已矣。」所謂放心，即找回失去的本心，放在專注的事情上，這就是學問之道。在《搞定》中，作者的很多觀點與中國至高的時間管理智慧不謀而合。比如，莊子曰：「至人之用心若鏡。」意思是至人的心像鏡子一樣，事情來了在面前自然顯現，事情走了心也清空了。老子讓我們學習嬰兒，很小的孩子剛剛還難過得掉眼淚，一扭頭，還掛著兩行淚水就可以身心完全投入到玩耍中，待會兒要是想起來，接著哭，哭完之後又可以很投入地玩耍。這才是專心致志的人工作時應有的狀態：儘管下午有一個嚴肅的談判，晚上還有一堂重要的課，但也不影響我把當下的工作做好。

中國古代哲學的時間管理智慧是需要很長時間去修煉的。王陽明是這一理念修行的集大成者，他提出的辦法是知行合一，你的心心念念都在你所做的事情上，才叫真正的知行合一，這也是佛教中所說的正念。

## 適度反應

空手道中用「心如止水」來形容一切就緒的狀態。想像把一粒石子投入沉寂無聲的池塘，池塘中的水會有什麼反應呢？根據投石的重量、速度、角度，可能激起一片漣漪，也可能濺起水花，然後歸於平靜。池水既不會反應過激，也不會置之不理。空手道用這種方法告訴我們：對於外在事物的反應要適度，既不能沒有反應，也不能反應過度。我們之所以要學習水，就是因為水具有這種德行：讓它動的時候它能夠有反應，可立刻又恢復平靜。在生活和工作中，任何造成你反應過度或反應不足的事情都可能反過來控制你。什麼叫反應過度？就是有的事本來沒那麼嚴重，但你表現出過多的焦慮，這種焦慮就會反過來控制你，讓你在那一刻什麼事情都做不了。有的事不至於讓你那麼生氣，但是你氣得一下午都不想說話，晚上吃不下飯，夜裡睡不著覺，生氣就已經控制住你了。什麼叫反應不足？有的事你早就該處理，早點處理就沒事了，但因為你懶、拖延，到最後，事情變得很嚴重，它會反過來控制你。

任何造成你反應過度或反應不足的事都有可能反過來控制你。很多人對一些事情不是過分關注，就是不屑一顧，而沒法做到心如止水。孔子提倡的中庸是一種大智慧。怎樣才能做到適度呢？

《搞定》的作者在二十多年的培訓生涯中，發現了一個極為普遍的情況：由於人們對自己做出的承諾或承擔的義務管理不當，他們承受著重重的壓力和折磨，如果能夠學會對生活中懸而未決的問題加以控制，就可以有效緩解壓力。所謂懸而未決的事，就是那些能夠經常喚醒你模糊記憶的事情。其實，困擾我們的不是這件事情本身，而是未完成的事情給你帶來的無形壓力。你總要在心裡分出一部分精力惦記著那件事，這會導致你眼下所做的事效果大打折扣。

東方哲學會告訴你，忘掉腦海中的那件事，只處理眼下的事，但要做到很難。西方人的方法是給你做一個工作清單，裡面裝著待處理的事，你只要把未處理的事扔進這個工作清單裡，然後一件接著一件處理就好了。現在有了智慧型手機，通常都有行事曆，你可以把自己要做的事記錄在行事曆中。比如週三下午兩點到四點要進行一個談判，那麼在週二上午十點到十二點，要騰出時間來為這個談判做準備。當你記下了這件事情，同時記下了它的準備時間，你就可以把它從記憶區刪除了，你的精力只需要放在眼下該處理的事上即可。到了計畫時間，你再認認真真完成既定的安排。用這種方式來規劃工作和生活，你會發現自己的心平靜了很多，思緒也不會飄浮不定。這就是工作清單的原理，當然，《搞定》中有一系列方法來幫我們把這個工作清單做得更好。

# 自下而上的行動管理

一般觀點認為，最恰當的做事方式是首先確定個人或公司的總體目標，然後定義工作的主要目標，最後把焦點集中到實施細節上。但是多年的觀察經驗告訴我們：自下而上的方法其實更具**實用價值，也就是從你當前任務的最底層入手。**

設想一個場景，你穿著一件寬大的泳衣走到游泳池，這件寬大的泳衣一進水裡就鬆了，隨時可能會掉。這時候眼睛緊盯著遠處的目標是沒用的，因為你的手裡還要提著泳衣防止它掉下去。所以，與其整天盯著遠處的目標，不如先給自己換一件合適的泳衣。先把自己身邊的小事處理好，才有可能全心全意服務未來的目標，所以行動管理最重要的技巧是把一切事物趕出你的大腦。在實際行動中，要盡量讓自己憑直覺去挑選執行的行動，而不是重新思考那些行動的來龍去脈。

對同一件事情不需要進行兩次相同的思考，我們經常會反覆思考同一件事，你要把自己的大腦處理成一種CPU和記憶體的關係。CPU不負責存儲，把存儲全交給記憶體。需要運算什麼，從記憶體中讀取，用CPU來處理，處理完之後再丟回到記憶體中。所以，清空你的大腦意味著你要把一些事情放到你的智慧型手機或行事曆裡，這時候你的大腦就只負責處理眼下的事。**不要花費腦力反覆思考同一件事，因為你在反覆思考那件事的時候，其實那件事並沒有進展，**

這是自下而上的行動管理。

## 五步驟高效管理時間

### 準備階段：觸發行動開關

在進入工作狀態之前需要做一些準備工作，比如：給自己安排一張舒服的桌子，周圍放一些自己喜歡的書或一台筆電。為自己營造一個愉悅舒適的氛圍，然後給自己一個觸發行動開關，這個概念在《你可以改變別人》（*Switch*）中提到：希望養成一個習慣，最好

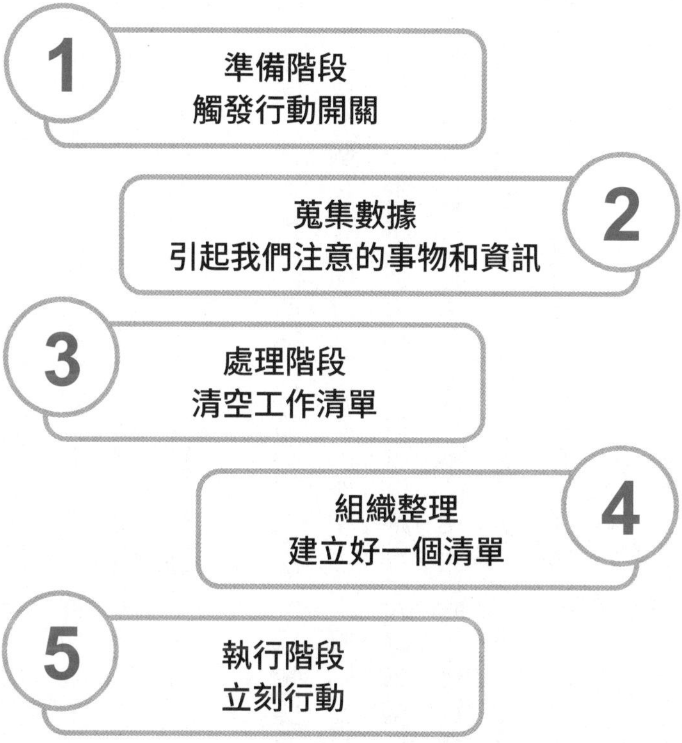


圖表 4　高效管理時間的五步驟

是給自己一個行動力開關。

這個行動力開關有什麼好處呢？比如，這張桌子的布置風格環境都是我喜歡的，我坐在這裡就可以安心寫作或打字、專心畫畫，幹什麼都可以。所以畫家需要一間畫室、一塊畫板、一張大桌子，我們需要一個讓自己安心的辦公區和一張準備好的辦公桌，建議不要跟別人共用，包括家人。如果有旁人在，你本來想去工作，結果看見地方被占了，心裡就默默地放棄了，心想「今天就算了吧」，於是這段時間又被浪費了。

除了給自己準備一個精心布置的工作區，還要給自己準備一個移動的工作區，這是隨著時代發展，我們生活方式改變後需要開發出的另一個時間管理方法。出於工作和生活的原因，很多時候我們都需要乘坐飛機、火車去另一座城市，頻率變得越來越高，你可以讓自己在移動過程中騰出時間來處理公務或看書。飛機上很安靜，沒有人跟你說話，手機也不能用，這時候排遣無聊的最好方法就是看書。每次我出差都會帶兩本書，飛過去看一本，飛回來看一本。因為沒有人打擾，所以效率往往很高。當你給自己準備好工作區以後，就要提醒自己提升工作效率。

## 蒐集資料：引起我們注意的事物和資訊

蒐集資料是指蒐集一切引起我們注意的事物和資訊，無論大小、輕重緩急。蒐集的資料包括兩個方面：一是外在的資料蒐集工作，二是內在的資料蒐集工作。

外在的資料蒐集工作包括搜尋你周圍的環境，從你的辦公桌開始，擴展到你的抽屜、櫃子等，這些地方要保持清爽乾淨，不要有冗餘的堆積，龐雜的東西會形成干擾。內在的資料蒐集是指搜尋那些仍然存儲在你腦海中的事。有的人認為時間管理就是管理工作上的事情，比如「要跟張總見面」、「要跟小劉談一談」、「要去簽約」……他雖然有很多事情要做，但並不代表效率高。他很可能因為兒子在學校打架、老婆要求添置新家具等家事事而心煩意亂，無法高效完成工作上的事。其實，這種想法是有偏差的，教養孩子、關心另一半、照顧父母、幫襯朋友……這些都是人生的一部分，你為人生中重要的事情煩心，本身就是不對的。事實上，處理這些事的時間可能沒有你想的那麼多，但是一直拖著不處理就會造成你和他人情緒上的變化，導致你對這些事變得更加敏感。因此，這種工作之外的資料也需要蒐集起來。

大衛·艾倫建議我們拿出一張紙寫下要處理的事。一張紙就寫一件事，處理完這張紙上的事情之後，就可以在下面空白的地方寫下你處理的方法和過程，這張紙就可以存檔了。如果事情不重要，你可以做完後把它撕掉。當你把所有的事全部都用紙或手機 APP 記下之後，你的蒐集工作就做完了。

## 處理階段：清空工作清單

處理階段的任務就是清空工作清單，在這個階段，你需要處理所有蒐集到的資訊。徹底清空你的工作清單，這並不意味著完成你蒐集到的所有工作，**因為你所蒐集的工作未必一定都要由你來完成**，但是你必須處理。

處理階段有三個基本原則：

1. **先處理工作清單中最上面的事情，就是比較著急的事。**比如，老婆請你買家具，如果再不買的話她就要生氣了，你就得趕緊處理這件事，其實打個電話或上網買就好了。
2. **一次只做一件事。**這是一個特別重要的建議，我們經常一件事做到一半，就擱在一旁去做另一件事，沒等做完，又擱在一旁。這樣會導致很多事你都只做到一半就忘了，下次啟動又得從頭開始。這種方式費時又費力，所以一次就做一件事。
3. **不要把事務再次放回工作清單。**在處理事務的過程中，你可能會面臨一個問題：某件事處理到這一步沒結束，但是不知道下一步該如何行動。這時候有三種情況，如果能夠找到具體的下一步行動，那麼你就需要權衡是立即執行把它完成，還是指派他人完成，或者是延遲處理。在不得已的時候，我們才會延遲處理。能夠立即完成的就立即完成，如果能夠指派他人完成就指派他人來做。如果是延遲處理，你就需要在工作清單中記錄下來。

工作清單中有些內容是不需要採取行動的，此時你需要進行分辨。如果這件事現在根本無法決定，三年後再說，那麼就放下，或者這件事只能作為參考資料蒐集起來。這樣工作清單中需要處理的事務就會逐漸減少，可以想像一下，你有一個工作清單，裡邊放了很多件事，做完一件拿走一件，做完一件歸檔一件……你的工作就會變得越來越少，你的生活也會變得越來越高效。

## 組織整理：建立好一個清單

從組織整理的角度來看，需要跟蹤和管理的事情，大衛．艾倫把它們大概分成七類：專案清單、專案的輔助資料、記錄在行事曆中的行動和資訊、下一步的行動清單、等待清單、參考資料和「將來、也許」清單。保持這些類別之間的界線分明，是整個組織整理工作中非常重要的一部分。除了堅持對個人系統進行詳細清晰的分類，還要關注建立和使用核查清單，可以說明你關注項目事件、愛好、職責等領域中可能出現的各種潛在問題。通常下，團隊或公司內部組織的這種諮詢活動最終會形成一份極具參考價值的核查清單，其中包含了對日後面試新人和培訓員工的重點方向。

管理一個團隊或一個組織，並希望這個組織能夠往前推動。這種管理方式比管理一個工作清單要複雜得多，你需要有七類時間，並且分門別類管理好這七類時間，這樣才能看到整個團隊不斷進步。《百大CEO都上過的哈佛領導課，你怎麼能不學？》（*What to ask the person in the mirror*）中有一個很重要的概念：當一個團隊有了共同的願景之後，最重要的行動就是確定關鍵要務，只有團隊中的每一個人都知道自己崗位的關鍵要務，並且能夠透過推動這個關鍵要務來達成關鍵指標，才能夠保證我們實現最終的願景。

組織整理的這一部分，其實跟關鍵要務是有關係的，大衛·艾倫在這裡把它擴展成專案管理的概念，有很多這種不同專案類別的資料整理。為了使得時間管理變得有效，需要養成檢查回顧的好習慣，只有檢查回顧才能夠保障系統有效運行。在事務或專案做了一段時間、一個階段以後，我們就需要開始回顧，我們應該關注哪部分內容安排在什麼時候進行，回顧應該怎樣進行，隔多久再進行一次。回答第一個問題我們可以從三個方面入手：首先，查看行事曆；其次，檢查我們的工作清單或根據情境來選擇恰當的回顧內容；最後，你至少需要每週回顧一次那些懸而未決的事。這種回顧能夠幫助你在忙亂的生活中謹記最重要的工作和最重要的目標，把握住自己的方向。每週核查一下你的關鍵要務到底有沒有進展，這的確是令所有團隊最在意的事。我經常向自己的團隊強調的事情就是：這一週的關鍵要務到底是什麼？實現了沒有？如果沒實現，原因是什麼？怎麼排除？這樣才能夠保證每週都會有新的變化。

## 執行階段：立刻行動

當一件事情即將被付諸行動時，其實就已經完成了大量篩選，也有了基本的方向。但請不要急於行動，可以留出一些時間做頭腦風暴，會有助於你做出最終的科學決策。這個暫緩的行動非常必要。怎麼做頭腦風暴呢？當你啟動大腦去思考某個問題時，你可以把所有的想法都羅列出來，再對羅列的想法進行分析篩選。頭腦風暴有幾個關鍵的技巧：不要判斷、不要質疑、不要評估、不要批判。一個想法冒出來，就寫下來，你有一招，其他人還有別的招，大家湊在一起，每個人都可以暢所欲言談論自己的想法。如果能夠各抒己見、集思廣益，我們就可以獲得大量的思路和想法。在這個過程中，千萬不要過早討論和批評，這會使得頭腦風暴的效果減弱。有時候開會的效率很低，就是因為有人剛剛提出一個想法，另一個人就說「你那個不行」、「需要很多錢」、「條件還不成熟」……一旦出現爭論，其他人就沒有動力再提供更多想法了。所以，效率最高的方法就是羅列，有想法就羅列出來，羅列的數量越多，就越能減少思維的盲區。最後，再組織分析這些想法，從中找出一個你認為最合適的來實施。

這五個步驟是我們處理問題的基本過程，在套用這些方法來管理自己生活的時候，我們需要養成蒐集的好習慣，比如帶一個小本子，把重要的事情記在本子上。**一個好習慣的養成是我們處理一件複雜事情的基礎。**

## 精明的人更容易拖延

我們身邊都有這樣的朋友，他們很聰明，總被大家看好，但是他們經常耽誤事，有嚴重的拖延症。為什麼在這些聰明人列出的清單上，未解決和未確定的事情是最多的？因為他們的感悟能力很強，他們會在大腦中想像執行工作時將會遇到的困難，以及如果工作失敗了會帶來什麼樣的負面影響。這些預想會使他們躁動不安，然後他們就放棄了。

有人說拖延症來自完美主義，因為完美主義者的大腦反應太快，能夠看到做這件事的種種困難，能夠看到如果做不好會產生的後果。他們害怕承受別人的批評，所以他們的辦法就是給自己找一個理由：「我實在沒辦法拖到最後一刻才做，請你不要批評我。」很多人拖延的最根本原因是他們要給自己留一個餘地和藉口：「不是我做不好，是我時間不夠，所以請你理解我。」但你為何要拖到時間不夠的時候才做這件事呢？很多人熱中炫耀自己的拖延症，你建議他改正，他會說自己改不掉，為什麼會出現這樣的情況呢？其實原因很簡單：他們沒有勇氣面對自己全力以赴之後還要遭受批評的可能。

別人的批評真的有那麼重要嗎？如果有一天，你能夠意識到別人的批評並沒有那麼重要，你在別人眼裡並不是那個被整天盯著的焦點人物，或許就會讓自己更加輕鬆。古人常講，行所當行。做你自己該做的事，不要拖延。

我們眼裡的聰明人大多都是因為腦子裡想得太複雜、事太多，導致很多時候效率反而不高。這讓我想起中國電視劇《士兵突擊》主角許三多、阿甘這樣的影視人物，為什麼他們能夠很快做成一件事？因為他們具有鈍感力，阿甘說要去開捕蝦船，他就去開了，根本沒有想過這件事有多麼難、多麼慘。他答應朋友了，就一定要去完成。有時，大腦越是簡單的人，執行力反而越強。因為他們的顧忌、心中的鬥爭和糾結會減少，而這些都是浪費我們時間的重要因素。

人，可以學著活得簡單一點。用西方人的話說，就是活在當下。這不是一件簡單的事，而是非常難修煉的過程。《搞定》教的方法是：借用CPU和記憶體的關係來對待你的大腦，將存儲功能隔離，從而減少大腦中不必要的煩躁和擔憂。將你需要處理的事情分門別類地記錄，然後一件一件妥善解決也會越來越少。

## 結語

如果你想管理好時間，想讓自己成為一個高效率的人，就要關注事情的結果。關注事情的結果就是要在腦海中對自己要做的事情有一個正向預期，當正向預期在你腦海中出現的時候，你才有動力去做這些事。有一個具體明確的目標放在那裡，就會迫使你確定下一步的行動。當你開始行動的時候，首先一定要學會心無旁騖地做事，學會心如止水，讓內心保持清澈寧靜。然後從離你最近的事情開始處理，經過一系列的過程將自己生活和工作中的事情處理好，如此便可以達到我們理想中的狀態：氣定神閒地面對工作和生活。

我們不但要去指揮騎象人，

重要的事還要觸動那頭大象，

讓牠自己願意走。

# 04 最有效的是即刻行動

完成，好過完美。

——Facebook

推薦閱讀：《終結拖延症》（*End Procrastination Now!*）

## 引言

這個話題跟二五％的人都有關係。這個比例聽起來有點高，但一說起它，大多數人都會認為自己是那二五％，這就是拖延症。

無事不拖的人確實很少，但從不拖延的人也很罕見。我也時常犯拖延症。比如，母親請我幫她訂幾張火車票，現在手機APP訂票很方便，其實就是動動手，兩三分鐘的工夫，我也要等她催上很多遍，甚至她發飆了我才去做。有時我也很奇怪，為何這樣的小事還會拖延。讀了《終結拖延症》這本書我才知道，我所犯的拖延叫作「簡單拖延」，除此之外還有其他類型。連一個拖延症還會有諸多類型，我們就來認識一下究竟什麼是拖延症。

《終結拖延症》是這個領域的代表作。作者威廉・克瑙斯（William Knaus）是美國認知療法的先鋒，也是公認的治療拖延症的權威專家。他擁有三十多年的執業經驗，曾擔任亞伯・艾里斯學院（Albert Ellis Institute）的院長，還為美國軍方提供諮詢服務。

值得一提的是，這本書的中文翻譯是由豆瓣上一個叫作「我們都是拖延症」的小組來完成的。一群資深的「拖拉機」來完成如何「戰勝拖延」的譯校工作，想必也是一個有趣的過程。

《終結拖延症》雖然篇幅不長，但是提供了一套認知、情緒、行為三管齊下的解決拖延症的方法。其中的流程和步驟甚至可以在實踐中直接模仿和複製，相信熟練掌握後，可以有效預防拖延症反覆出現，威力巨大。

## 什麼是拖延

「拖延」（procrastination）的拉丁字源解釋是「向前」加上「為明天」。拖延症是指自我調節失敗，把重要的事和有時效的事推到其他時間去做的不好行為。嚴重的拖延症甚至會出現強烈的自責情緒、罪惡感，會不斷自我否定、貶低，並伴有焦慮、抑鬱等心理疾病。

法國哲學家朱爾斯．帕約（Jules Payot）說：「絕大多數人的目標，是盡量過不動腦子的生活。」《你可以改變別人》這本書提到過「象和騎象人」：大象代表著感性，是人類的原始動物精神；騎象人代表人類的理智，理智應該駕馭感性向前走。可是有時候他們會原地不動，這是為什麼呢？因為這兩者都很懶，沒有足夠清晰明確的指令，他們會自動駕駛，就是按照自己最熟悉、最習慣的方法去做事。我們常用一些無關緊要但快樂的事情來代替動腦子，比如滑手機、打遊戲、追劇，這就像自動駕駛一樣。

全世界二五％的人都有拖延行為，簡單的小拖延未必是真的拖延症，就像我們會有強迫行為，反覆確認有沒有鎖門反覆洗手，但我們不是強迫症。拖延行為造成你人生的挫敗，讓你對自己評價很低，讓你感到痛苦時，才能算得上拖延症。拖延症不是簡單的逃避，而是一系列想法、情緒及行為集合在一起。

拖延症大致可分為四類（見圖表5）：一是期限拖延，比如：下週三要交報告，你等到週二晚上要睡覺了還沒寫，這種拖延症是有期限的。二是個人事務拖延，這類拖延症是要做的事沒有明確的期限，所以你會無止境地拖延。比如，你想讀MBA，卻給自己設定了很多前提條件，「我先看看書吧」、「等我先找幾個念過MBA的人聊聊看」……等到你決定要讀的時候，恐怕已經超齡了。三是簡單拖延，比如：母親請我幫她訂火車票，明明順手做完就不用再想了，但就是會一直拖延。我的微信好友非常多，兩支手機加起來有九千多人，如果有一〇％的人時常聯

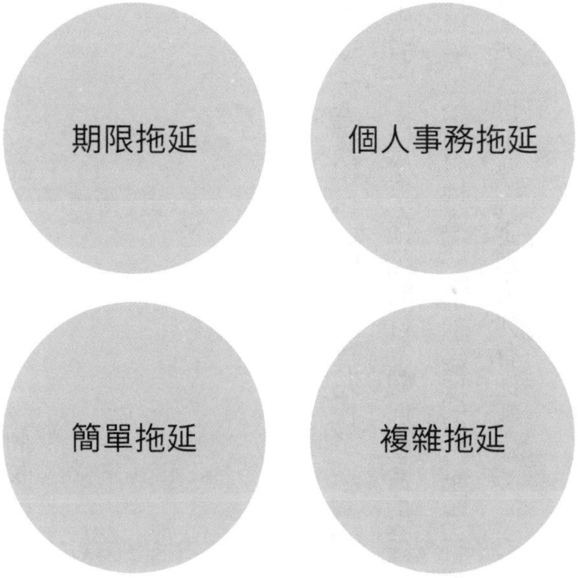


圖表5　拖延症的四種類型

繫，我都會疲於應付。有時候收到微信，我只需要回覆幾個字就可以，但我總是忍不住想「回頭再說吧」，結果往往是忘記回覆了，這就是簡單拖延。四是複雜拖延，來自比較複雜的心理活動，也可能與心理疾病、童年經歷、完美主義等相關，是比較嚴重的拖延狀況。我們該如何應對拖延症呢？

## 撕掉「我是拖延症」的標籤

很多人喜歡給自己貼上拖延症患者的標籤，這樣著實給自己的拖延行為找了一個安全的庇護所。「反正我一貫拖延」、「我是拖延症重度患者」，這樣，拖延的行為貌似就合情合理了。將拖延症合理化不利於解決拖延症，你需要告訴自己「我沒有拖延症」，然後採取行動去解決問題。這是一個很有意思的方法：**不要宣稱自己有拖延症，也不要告訴別人你有拖延症**。

## 克服恐懼，實踐「立即行動」的哲學

撕掉自己拖延症的標籤以後，接著要克服對失敗的恐懼，奉行「立即行動」的哲學。有一個企業家，公司經營得很糟。他某次聽完奇異CEO傑克・威爾許（Jack Welch）的演講後很興奮，於是諮詢威爾許：「先生，我很佩服您。您那麼成功，能不能給我一些工作的建議？我現在的公司經營得很糟糕。」威爾許告訴他：「回家後拿出一張紙，寫下明天要做的六件事，上班時將這六件事一一做完，這一天就夠了。」企業家半信半疑：「這樣就可以？」他回去抱著試一試的心態寫下了第二天要做的六件事，並在第二天嚴格執行，長此以往，發現效率竟然大幅提升。其實，我們每天要做的重要事情並沒有那麼多。像Google這樣規模的公司，它的管理方式就是列出一百件公司需要做的事，然後用這個表單去指導工作，每天回顧哪些人做了什麼工作。

拖延症最根本的心理動機是完美主義，完美主義並不是指做任何事情都力求完美，而是太在乎自己在他人心目中的形象，特別擔心自己全力以赴但沒有把事情做好。我們常常會聽到這樣的論調：「我沒有充足的時間，只花了一兩天突擊完成的。」這就好比給自己人為設置一個障礙，可能是「時間不充分」、「環境太不利」，做不好情有可原，做好了代表能力超群，這樣來保持自己「高大」的形象。其實，世界上沒有那麼多人在乎你，只有你自己特別在乎自己的表現。

我特別喜歡Facebook的一個座右銘：「完成，好過完美。」當你能努力去「完成」的時候，你就已經戰勝了拖延症，這好過力求完美而去拖延。事實上，當你追求完美的時候，最終的結果往往更不完美，只是你給自己找到了足夠的心理安慰。

## 從拖延到高效，五步改變法

我們可以透過五個步驟，認知、情緒、行動三管齊下，讓拖延無所遁形。認知方法讓我們用ABCDE認知模型來看清拖延行為是如何運行的；情緒方法幫助自己建立忍耐力和持久性，讓我們從不願意行動到享受行動的快樂；行動方法是讓我們快速行動的一些方法。

### 第一步：覺察

一旦開始拖延，自我欺騙就會接踵而至，「我一會兒再做」、「時間還充裕」的想法就會呼之欲出。我們通常都不會好好反思這些想法是不是行得通，就一概接受。只有意識到拖延的存在，才有可能控制並戰勝它。

類似於正念的方法，比如身體疼痛，我們用正念去感知這種疼痛：「哦，原來這樣是疼痛的。」聚焦於一點去感知時，你會發現好像不那麼痛了。你和自己的拖延症對話後，就可以嘗試斬斷拖延的思維，轉向行動的思維。

有一個很實用的認知模型——ABCDE模型（見圖表6）可以幫助我們，它是由美國心理學家艾里斯提出的，是一種理性情緒行為治療法。艾里斯認為：我們產生情緒的困擾並不是由於事件發生，而是由於我們對於事件發生有一些不合理的看法。如果不合理的信念得以轉變，那麼情緒的障礙也會隨之排除。這個模型如何讓我們改變拖延呢？

- **A**（activating event）：誘發性事件。
- **B**（believe）：你對事情的看法。
- **C**（consequence）：結果。
- **D**（disputing）：干預，重新看待B，即改變你對這件事的看法。
- **E**（effect）：效果，情況得到改善。

比如，A是一個任務，下週三要交報告；B是你對這件事的看法，「等到下週二再做」；C

是結果，就是一天時間很緊張，做了個六十分水準的報告，但你覺得自己盡力了，畢竟只花了一天時間；D是干預，就是質疑B「對事情的看法」，比如「為什麼要等到下週二才做？」「等到下週二做有什麼好處嗎？」「這樣做難道不會讓我變得更加焦慮嗎？」注意是針對B的思考，而不是針對A。思考B後你會得到E，就是你開始思考：「何必要拖到下週二呢？現在做可能三個小時就寫完了，這樣的話，我這幾天不是可以過得更輕鬆一點嗎？」於是，新的B就誕生了。

### 第二步：行動

行動是克服拖延壓力最好的辦法，就像

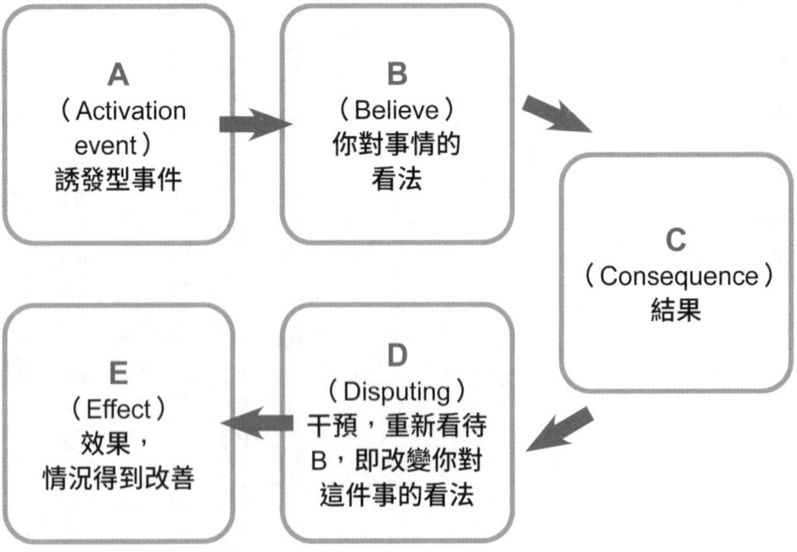


圖表 6　改變認知的 ABCDE 模型

禪宗所說的「飢來吃飯睏來眠」、儒家提倡的「行所當行」。我要定期講書，不是什麼時候都有動力寫文案、做PPT。所以，我通常選擇在高鐵上寫點內容，一般行程有四五個小時，手機收訊又不好，正好提供了整段時間。當我打開小桌板開始打字的時候，寫東西這件事就變得沒那麼難了，四五個小時一氣呵成，連火車都坐得特別有成就感，心裡忍不住要誇誇自己，信心滿滿。

## 第三步：調節

我們總是被一些小事分散注意力，看看手機，吃吃水果，做做家事……總是用雜事來拖延重要的事。這時候你需要調節自己的情緒，比如，花五分鐘時間保持正念，哪怕跟自己拚了，就是不做那些雜事了。我們要用情緒方法來幫助我們建立忍耐力和持久性。

忍耐力和持久性就像人的肌肉一樣，是可以鍛鍊的。很多人會嘗試打坐的方法，就像國學大師南懷瑾所說的，當你的腿麻得快承受不了、又疼又脹的時候，才是鍛鍊的最好時機。其實，打坐時腿麻並沒有多大的傷害，只是感覺上的痠麻脹，這時候你可以用正念的方法與這種感受對話。你會發現它只是一種感受，其實沒有什麼是不能忍耐的。

威廉．克瑙斯所說的調節法，就是用正念的方法來控制自己的情緒和感覺，讓自己的忍耐力變得更強。靜和定是一個人特別重要的素質，儒家講修身、齊家、治國、平天下，佛家講禪定，殊途同歸。如果一個人靜不下、定不下，總是做一些簡單而浮於表面的小事，是沒有辦法創作出有深度的偉大作品的。

當忍耐力和持久性兩種品質已經內化成性格的時候，你會發現自己的人生將提升到一個更高的境界。拖延症不僅僅是一個時間管理的話題，還源於你的價值觀，關乎你怎麼看待自己與這個世界的關係。如果你能夠從自己的內在性格反思自己，感受到它對生活的影響，並能用正念來調節它，拖延症會逐漸變得溫和可控。

## 第四步：接納自己

接納自己需要給自己一些正面的評價，看到自己進步的一面且不斷鼓勵自己，這次你會發現自己的每一次努力都卓有成效。當你越強調自己做不到的時候，其實就已經做不到了。

《正念的奇蹟》（*The Miracle of Mindfulness*）這本書開篇就是教大家怎麼吃橘子，慢慢剝開橘子，拿起一瓣放在嘴裡，感受橘子的甜味，生活中就是有這樣的美好。有人用這種方法去感受吃飯、洗碗、看書等日常所做的任何事，在享受這件事的同時，會把這件事做得特別好。

如果不接納自己，整天挑剔自己，你會發現改變的行為變得特別困難，自我認同度特別低。所以，學會接納自己，容忍自己，然後才能讓自己變得更好。

### 第五步：自我實現

這是一種類似峰值體驗，如果你戰勝了拖延，任何事情都能夠按照行事曆上的計畫行動，你的人生會和過去完全不一樣。自我實現意味著你完全自由掌握自己的時間，不被瑣碎小事困擾，把時間花在重要的事情上，並能做出客觀的決策。

## 踐行承諾，終結拖延

### 承諾，積極主動應對

有一種拖延是因為事情很重要而自己還沒有準備好，完美主義導致壓力巨大，這時候可以用承諾來迫使自己行動。有一個比喻叫「把背包扔過牆」，先別管有沒有想好怎麼翻牆，把背包扔過去後，你總會想辦法翻過去的。

美國前總統甘迺迪（Jack Kennedy）看到蘇聯太空人加加林（Yurly Gagarin）進入太空之後表示：「十年之內，我們要實現把人送上月球，並且安全帶回來。」這個承諾就是把背包扔過牆，總統已經給了承諾，大家就朝著這個方向努力。我承諾過，每年帶大家讀五十本書，這也是把背包扔過牆。這個事情很耗精力，要讀、要寫，還要講，但做起來並沒有影響我講課、錄節目、寫劇本。當你做出承諾後，你總有辦法統籌協調，因為人的潛能遠遠超出你的想像。運用承諾給自己和對方一個最後期限（deadline），這是一個有效面對壓力的方法。

## 果斷喊「停」

有些事情必須完成但是還沒做，你卻陷進沙發，變成一個「沙發馬鈴薯」（couch potato），不是看電視就是滑手機。這時，你要果斷喊「停」，就是禪宗所說的當頭棒喝。停下來以後，拿出紙筆寫一個任務表，再做一個時間規劃，這個表格會讓你有滿足感。你可以清楚看見自己在多長時間內完成了多少事情，然後按照計畫去做事。

做出行動時，要給自己一定的獎勵，可以是物質獎勵，比如休息一下、吃點東西、看個電影、出去旅遊，也可以是精神獎勵。我認為精神獎勵更為重要，如果你沒有拖延，付諸行動，你要告訴自己「我又進步了」。「吾日三省吾身」不一定全是反思自己做錯的，也可以關注自己的進步，這樣人生才會不斷累積。

## 結語

我想用一個中國式的方法來結尾。王陽明說：「破山中賊易，破心中賊難。」達摩祖師說：「將心來，與汝安。」只有當你開始向內求，觀察到自己的起心動念時，才能成為一個掌握自己生活的人。

# 05｜別讓思維惰性毀了你

想要改變任何事情，都必須讓人以與之前不同的方式來行事。

——奇普・希思（Chip Heath）

推薦閱讀：《你可以改變別人》

## 引言

很多人都認為，改變是一件極其困難的事，改變自己需要極強的意志力，改變別人更是難上加難。古語云：「江山易改，本性難移。」連瑞士心理學大師榮格（Carl Jung）都說：「你連想改變別人的念頭都不要有。」想想那些企圖改變他人的行為：讓孩子減少玩手機的時間；讓另一半承擔更多的家事；讓員工嘗試一種新的工作方法；讓一個社區、一座城市，甚至一個國家改變……有多少成效？我們真的就只能接受現狀，然後一成不變地生活下去嗎？

有一對美國心理學家兄弟奇普．希思和丹．希思（Dan Heath）經過大量實驗發現，改變其實並沒有那麼難，如果你能了解改變過程中人的心理變化，讓改變發生幾乎就是一瞬間的事情。於是，他們將此方法寫成《你可以改變別人》一書。

## 改變為何這麼難

想要改變，首先需要了解是什麼阻礙了

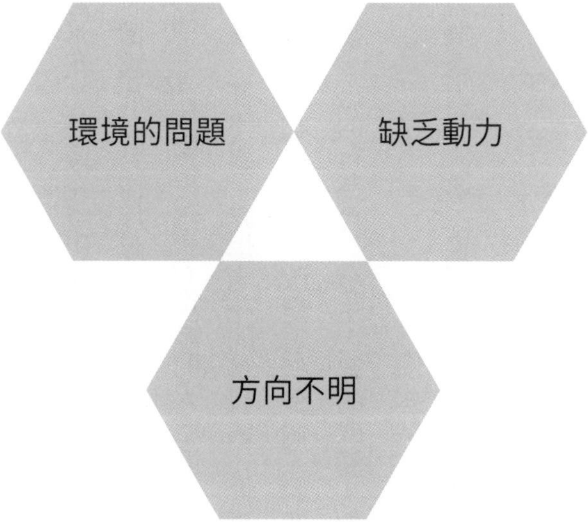


圖表 7　難以改變的三大因素

我們改變，希思兄弟從幾個小實驗開始，帶我們走入改變的世界（見圖表7）。

## 看似是人的問題，實際是環境的問題

心理學家在一家電影院給所有看電影的觀眾發爆米花，然後在電影結束後觀察每個人吃爆米花的量。他們嘗試了不同的片子：悲劇片、喜劇片、情感片、動作片等，嘗試了不同口味的爆米花，嘗試了一個人吃和兩個人吃，嘗試了大桶和小桶……什麼情況下看電影的人吃的爆米花最多？有人猜情侶吃得多，也有人猜電影很緊張時吃得多，都不對。吃爆米花的量只跟一件事情有關，那就是爆米花桶的大小。桶越大，吃得越多；桶越小，吃得越少。改變看似是個人的問題，實際卻是環境的問題。對環境做出一些微小的調整之後，人的行為可以發生大幅的改變。如果你想減肥，第一件事情就是給自己換個小碗吃飯。

這個實驗告訴我們，改變很難的第一個原因：看似是人的問題，實際是環境的問題。

## 看似是懶於改變，實際上是因為缺乏動力

有一名工廠的員工，覺得公司的採購部門太混亂，浪費很嚴重，他希望說服董事會改變採購流程，但董事會覺得沒有這個必要。董事會不著急、不重視，流程就不可能改變。這名員工

於是讓廠裡的幾個年輕人去搜集全廠各式各樣的白手套，光是工作用的白手套，就搜集到了四百二十四種。開董事會的那天，他抱著這四百二十四種白手套往桌上一扔，說：「這就是我們廠採購的白手套，竟然有這麼多種類，而且價格完全不同。」董事會成員大吃一驚，立即決定改變整個採購流程。為什麼從前董事會不上心？因為他們沒有受到感官上的直接刺激，所以完全沒有動力改變。

這個實驗告訴我們，改變很難的第二個原因：**看似是懶於改變，實際上是因為缺乏動力。**

## 看似心生抗拒，實則方向不明

在美國，肥胖成為死亡率最高的疾病之一。為了讓國民的生活更加健康，美國政府給全民發布了一個飲食金字塔。這個飲食金字塔的食譜很複雜，包括金字塔頂端是什麼、底端是什麼都寫得非常詳細，所有的食物基本都在這個金字塔裡。雖然每個美國居民家裡都貼著這樣一個飲食金字塔，但沒有人真正根據這個金字塔來決定飯要怎麼吃。希思兄弟為了讓人們的飲食更加健康，找到一個切入點，就是將美國人喝的全脂牛奶換成脫脂牛奶。

美國人喜歡喝牛奶，他們喝牛奶像喝水一樣，冰箱裡都是牛奶，喝全脂牛奶自然就胖得很快。怎樣才能說服大家改變這個小小的生活習慣呢？他們派出很多志願者，拿一根塑膠管子裝滿脂肪，站在超市的門口，告訴大家這就是半加侖（約一．八九公升）全脂牛奶所含的脂肪量。大家想著油膩膩的脂肪就這樣被吞進肚子裡，多噁心啊！於是，開始轉而喝脫脂牛奶。

當你告訴人們要健康、營養時，他們不是不願意改變，而是不知道該如何改變。如果你告訴他們，「很簡單，將全脂牛奶換成脫脂牛奶，這樣就可以減少脂肪含量」，這樣他們才會有方向去改變。

這個實驗告訴我們，改變很難的第三個原因：**看似心生抗拒，實則方向不明**。

## 象與騎象人

在探討這個問題時，我們需要提到另一本書《象與騎象人》（*The Happiness Hypothesis*），這本書幫助我們了解自己的大腦，書中引用了「象與騎象人」的理論。大象，就是我們大腦中感性的部分，比如衝動、愛情、忠誠、執著等，大象很有力量，也很莽撞。騎象人，就是我們大腦中理性的部分，騎象人要駕馭、指揮大象。如果都依大象的性子，牠就可能衝動起來，做出很多令你後悔的事情，而騎象人需要分析、判斷，根據資料做出決定。

象與騎象人每天都在拉鋸：騎象人想早起鍛鍊、背英語單詞，但你的大象卻希望能夠在被窩裡多躺一會兒；騎象人決定吃健康的蔬菜沙拉，大象卻不自覺地要了一碗炸醬麵。大象總想隨興而為，騎象人總想控制牠。大象行動力強，但是缺乏思考；騎象人能夠讓大象變得冷靜、安全，但他可能一天到晚原地打轉，思慮過多，反而沒了動力。因此，我們要讓改變發生，就應該同時將作用力施加在大象和騎象人身上。

針對改變困難的三個原因，我們要如何行動呢？你可以按照以下三個步驟執行：

1. **指揮騎象人**（看似頑固抗拒，實則方向不明）。
2. **激勵大象**（看似懶於改變，實則缺乏動力）。
3. **營造路徑**（看似是人的問題，實則是環境問題）。

## 指揮騎象人

怎麼才能指揮騎象人，調動他去行動呢？方法很簡單，給他一個明確的方向，比如減肥先把全脂牛奶換成脫脂牛奶。我們怎麼找到改變的方向呢？希思兄弟進一步提出了三個方法：找到亮點、制定關鍵措施、指明目標。

## 找到亮點

如果你是一位聯合國官員，被派到越南，要求在半年之內改變越南兒童的營養健康水準。但是你下飛機後，發現要錢沒錢、要人沒人，整個辦公室只有你一個人，還要在半年之內完成這個任務，你該怎麼辦？有人建議：「寫報告！就說『越南兒童的營養狀況很糟糕，建議先經濟援助，經濟穩定後開始發展教育，最後培養母親的水準，母親水準提高了，孩子的營養問題就迎刃而解了』，寫完報告就打道回府。」這個建議沒錯，但套用奇虎360公司董事長周鴻禕的話，這是「正確的廢話」——有道理卻沒有用。

前述假設是個真實的故事，被派去的官員是一個美國人，你猜他做了什麼？他一到越南，就拿著量尺下鄉，找孩子。量完身高，把小孩分成兩組：矮的一組，高的一組。高的一組中，排除家裡條件好的，剩下那些又高又窮的，他問他們：「你們的媽媽都給你們吃什麼？」接著開始家訪。他發現，這些孩子的媽媽每天會做幾件事情：

1. 每天給孩子吃四頓，因為孩子的胃比較小，所以一天吃四頓飯吸收更好。
2. 去稻田裡抓一些小魚小蝦回來，給他們熬湯喝。
3. 把紅薯葉榨成汁，將綠色的汁淋在米飯上給孩子吃。

了解之後，他就把全村婦女都叫來，告訴她們一起學習這些方法。做個好媽媽當然是每個媽媽的天性，於是大家用有限的資源，一起來做飯給孩子吃。只用了六個月的時間，六五%越南孩子的營養健康水準得到了大幅提高，而這個措施對越南的影響長達二十年之久！

這個看似不可能完成的任務，就這樣完成了，其原因在於找到了亮點。這種尋找亮點的思維可以運用到很多領域，解決很多問題。

## 制定關鍵措施

在美國很多治療家庭暴力的案例中，傳統的治療方法是控制憤怒：當憤怒發生的時候，你要控制憤怒，減少憤怒發生的機會。但是結果很糟糕，復發率非常高。後來，他們嘗試了一種新的方法，其實就是一個關鍵措施，叫作「五分鐘親子互動」：你每天甚至每週只需要拿出五分鐘陪孩子玩一會兒，玩的過程中只有一個要求——不能給孩子提任何意見。他說打遊戲就打遊戲，他說看電視就看電視，就五分鐘，隨他的意，不要挑剔、不要指責，家庭氛圍就會好很多。

就這麼簡單的一件事，很多父母都做不到，因為父母看到孩子做得不對卻不能說，太難受了。但是經過很多次訓練，家庭暴力的下降比例比憤怒控制法大得多。在解決問題時，找到關鍵措施有助於避免大象走回老路，讓牠朝著改變的方向前進。

## 指明目標

美國有一個著名的組織叫「為美國而教」（Teach for America），專門從事貧困落後地區的教育。這個組織中的一位老師被派至一所鄉村學校，那裡經濟落後，人們聽說讀寫能力很差，識字率很低，更糟糕的是大人不好好學習，所以孩子也不重視學習。為了改變這裡的學習氛圍，這位老師想了個辦法。他告訴一年級的小朋友，在學期結束的時候要讓他們達到三年級的水準。然後他問：「你們願意和我一起做嗎？」小朋友一聽，這很有意思，在一年級結束時要達到三年級的水準，這是一個不可思議的目標。如此，這個班級的師生就有了一個共同的目標，也因此發揮大家積極向上的心。

有一個「復興小鎮」的故事讓我十分感動，這是一個發生在美國的真實故事。有一個逐漸凋零的小鎮，年輕人都外出謀生，小鎮上就只剩下老人和孩子，這有點像中國現在的鄉村。小鎮上唯一的生力軍是一群高中生，他們希望復興小鎮，讓家鄉更繁榮。但是，宣導「建設美好家園」、「愛我家鄉」太虛了，口號就真的僅僅是口號而已，而讓所有的年輕人都返鄉又不現實，怎麼辦呢？他們想到一個關鍵措施：喊出一個「讓消費留在本鎮」的口號。大家只需要做到盡量在本鎮消費，而不到其他地方去花錢，就是這個小的改變讓小鎮每月的 GDP 增加了近百萬美元。因為人們都在小鎮消費，商業開始復甦，就業機會增多。人們紛紛返鄉，小鎮又恢復了生氣，環境也變得越來越好。老人們沒有別的辦法幫助這些孩子，於是紛紛把「讓消費留在本鎮」的口號貼在自家的窗戶上，表示支持。就是這樣一個關鍵措施，改變了全鎮人民的生活。

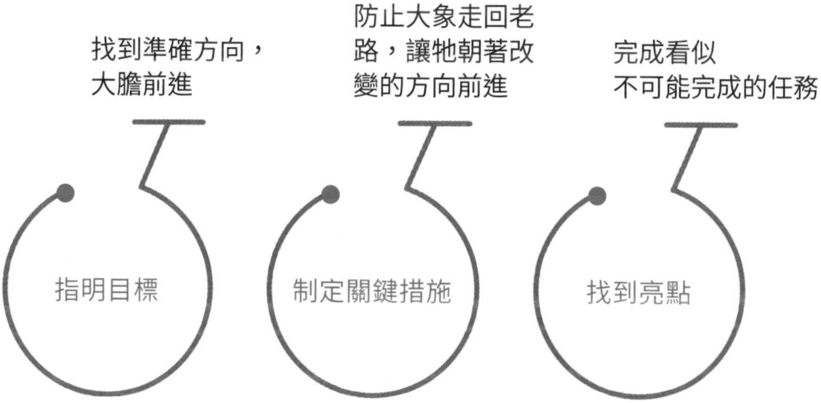


圖表 8　讓騎象人找到正確方向的三方法

找到亮點、制定關鍵措施、指明目標，這三點能夠有助於指揮理性的騎象人。只有當騎象人找到一個準確的方向時，他才敢走，否則他就會退縮，什麼都不做。

## 激勵大象

指揮完了騎象人，我們能對大象做些什麼呢？大象是感性的動物，牠聽不進去道理，只能被刺激（見圖表9）。

### 找到感覺

美國著名的連鎖超市目標百貨（Target），營業額從三十億美元上漲到六百三十億美元，成為美國第二大超市，是什麼讓這樣的奇蹟得以發生？他們雇用了一名原在精品業工作的經理沃特斯（Waters）。沃特斯一上任就發現超市銷售的衣服顏色都很暗淡，不是灰色就是黑色，平淡無奇，讓人完全沒有購買欲。於是，他詢問採購經理，採購經理說：「是有人會喜歡顏色鮮豔的衣服，但大多數人都是保守的。我們就是要服務大眾，所以只賣黑、白、灰三種顏色的衣服。」沃特斯提了很多次，但完全沒有人理會。

有一天，他買來一大包M&M's巧克力，各種顏色都有：紅的、黃的、藍的、綠的……他拎進辦公室，當著所有人的面，將這包M&M's巧克力倒在桌上。五顏六色的M&M's巧克力像彩虹一樣，從天而降，劈里啪啦滾到桌子上、地上，所有人都傻眼：「這人瘋了吧！」可是所有人都目不轉睛地盯著M&M's巧克力。他馬上說：「你們對顏色多麼敏感，當這些彩色的東西出現在面前的時候，你們都會忍不住想看它，為什麼不讓我們的超市多一點色彩呢？」結果整個公司的採購風氣開始轉變。如果採購經理沒有受到感官刺激，就不可能輕易改變，這就像之前拿著一塑膠管的脂肪、捧著四百二十四種手套一樣。**只有讓對方找到感覺，他才會有改變的動機。**

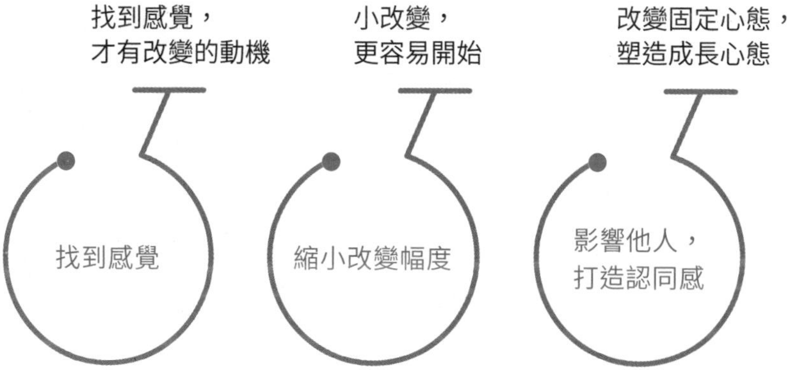


圖表9　用感性的方式讓大象動起來

有位叫阿拉提的會計師，業務能力很強，但固守傳統的會計思維。他認為會計制度神聖不可侵犯，所以嚴格到僵化地執行每項工作，沒想到居然成了組織的瓶頸。比如，業務人員提供的單據，有任何一個地方不對，他只負責打回去，讓對方重填；不對，再重填。他根本不管這件事情會給別人、給組織造成多大的麻煩，他只負責遵循會計規則，還認為自己的堅持很神聖。

這樣恪守規章制度的員工，老闆也沒法將其開除，而且他們還是一個慈善機構。老闆只好找他談話，談來談去，還是沒有什麼改變。於是有一天，老闆帶著他去參觀他們的那些慈善項目，聽那些慈善項目的老師、修女說修道院現在多麼缺乏資金，有一筆錢一直批不下來，無法給孩子治病、買吃的、買玩具。這個會計師轉了一圈後突然意識到：在自己那兒耽擱一兩天，會對慈善項目造成這麼嚴重的影響。他把自己的工作、一張張的單據和那些孩子渴望的眼神聯繫起來之後，立刻決定改變自己的工作方式：以後自己能幫助別人做好的地方，沒有必要打回去重填，因為我們更專業。這就是找到感覺之後人們所發生的變化。

**我們不但要去指揮騎象人，重要的是還要觸動那頭大象，讓牠自己願意走路。**

## 縮小改變幅度

如果讓大象覺得前面是萬丈深淵，牠根本就不敢抬腿；如果讓牠知道路途太遙遠，牠也不可能動。縮小改變的幅度就是想方設法讓大象邁出第一步。

心理學家在美國紐約的一家飯店發現那裡的女服務員都很胖，雖然她們每天要做很多體力活，但還是胖。於是，心理學家對其中一半的服務員說：「妳知道妳每天做的工作要消耗多少卡路里嗎？疊一次被子消耗四五十卡路里；打掃一次房間消耗一百卡路里；你端茶送水，從樓下走到樓上都要多消耗不少卡路里。」他把打掃所做的每一件事消耗的卡路里數都告訴給這些服務員，而另外一半對此則完全不知情。

大約兩個月後，所有被告知卡路里數的女服務員體重都下降了，而沒被告知的還是老樣子。這很有意思：根本沒人要求她們做什麼，只是告訴她們做每件事情消耗的卡路里數，結果就達到減肥的目標了！為什麼呢？有人認為是心理暗示或安慰劑效應，其實都不對。原因是，當她們知道自己每做一件小事消耗的卡路里數時，改變的幅度變小了：以前三分鐘拖地，現在更賣力，拖四分鐘；以前乘電梯，現在勤快點，走樓梯。這麼輕鬆就能改變的事情，比告訴她們要堅持很多天，每天做多少運動才能減肥，要求低太多。要求一低，大家就更願意邁出第一步。

這招對孩子更管用，只要你每天讓他做一件小事，幫助他養成一個小小的習慣，他的行為就會發生很多的改變。很多家庭的改變也是從一個吻開始的，丈夫每天出門前堅持給妻子一個吻，這個家庭就會開始變得不一樣，這就是減小改變幅度的魔力。

## 影響他人，打造認同感

什麼叫打造認同感？當你身邊的人都在跟你做同一件事情的時候，你會更有勁去做這件事。怎麼打造呢？有一個特別重要的理念，就是要去塑造人們的成長型心態。

老虎伍茲（Tiger Woods）這位高爾夫天才在八次奪得世界冠軍之後，竟然決定全面調整自己的揮桿動作，這就叫「成長型心態」。即便到了巔峰狀態，他依然覺得自己是可以透過學習來改變的。而生活中多數人會認為「沒有什麼好改變的，人生不就這樣嗎？」這樣的心態就叫作「固定型心態」。

如果一個人抱著成長型心態，所有的改變都將輕而易舉；如果一個人是固定型心態，那麼任何改變都會變得異常艱難。有一次，我和一位計程車司機聊天，司機跟我抱怨：「現在不好做了，老闆太黑，滴滴、Uber又跟我們搶生意……」我勸他：「要不你也下一個滴滴，減少空車，多接點客源，就是自己買輛車做滴滴司機也不錯。」他的回答讓我啞口無言，他說：「我才不做，不信那個，沒關係誰給你排車呢？」這就是典型的固定型心態，他認為這個世界就這樣，幹什麼都需要關係，甚至都不願意嘗試一下，永遠讓「大象和騎象人自動駕駛」，不去改變。

怎麼才能說服一個人，讓他與你一樣願意改變呢？

比如，你要說服一個人，讓他同意在自家花園裡立一個牌子，上面寫著「禁止酒駕」。如果你直接問：「用一下你們家的花園立個牌子行嗎？」八〇%的情況要被拒絕，草坪可是很貴的，被弄壞了，誰不心疼！那怎麼辦呢？你可以嘗試循序漸進。

第一次你可以讓他做出一點小小的改變。比如，你說：「我們社區正在辦一個活動，希望號召更多人拒絕酒駕，你願意聯合簽名嗎？就是代表你也反對酒駕。」一般人都會同意，也給自己貼上了一個熱心公益的標籤。當他潛意識裡認為自己是一個熱心公益的人時，他的大象就會更願意沿著這個方向走，因為人們不願意把自己搞得特別分裂，尤其是在同一個人面前。

第二次你再來，可以告訴他：「上次的活動很成功，我們的號召力很強，網上也有很多響應的，我們想把它做得更深入一點，你能不能寫個字條『不要酒駕』，然後把這個小字條貼在你們家的窗戶邊上？」這樣的要求沒有破壞性，而且符合熱心公益的標籤，他肯定也願意，這時候他又往前邁了一步。

第三次再來，你說：「我們現在的活動越做越大了，希望把視覺衝擊力做得更強一點，能不能徵用你家裡的草坪立一個牌子？上面會設計得很漂亮，就寫『禁止酒駕』，希望大家拒絕酒駕，也代表我們的價值觀。」這一次，七六%的人都同意貢獻自家的草坪。

從八〇%拒絕到七六%同意，轉變太顯著了。**打造認同感是循序漸進的**，發動一場大的變革，就是要讓大家一起來做事，驅動所有人的大象。

## 營造一個路徑

改變是一個過程，剛開始需要給自己營造一個路徑，比如調整環境、培養習慣、召集同伴等（見圖表10）。

### 調整環境

大家都有去銀行櫃檯辦事的經歷。以前是排隊，但有的窗口快，有的窗口慢。這邊排著，一看，那邊快，換到那邊之後，這邊又快起來了，讓人很心煩，甚至有人因為排隊吵架。現在呢？都是排號機取號，大家坐在休息區等著，叫到號的上窗口辦理業務。績效改進中有一句經典名言：「技控優先於人控。」先在技術層面上改變，也就是改變了環境，再改變人就會容易很多。

醫院每年因為發錯藥致人死亡的案例不少。你一開始可能會指責護理師太不負責，但如果了解了實際情況，你會發

調整環境
環境的變化往往會讓人們的行為習慣有明顯的改變。
培養習慣
設定一個行動力開關，把決定權交給環境。
召集同伴
打破同伴壓力，達成集體改變。

圖表 10　打造讓自己能夠改變的 SOP

現原來護理師發錯藥是太容易發生的一件事情了。在住院部，護理師配藥的環境十分嘈雜，任何一個人與他說話都可能影響他配藥的準確度。可能正在配藥，患者家屬跑來問：「能不能給我們拔個吊針？」、「××床要大小便，快去幫幫忙。」醫生也可能來找他：「你去看看××床情況怎麼樣。」更別說工作之外的閒聊了。如果護理師回答：「我正配藥呢，別跟我說話！」患者、醫生肯定會不爽：「你這是什麼態度！」後來，醫院想了一個辦法，他們做了一個顏色鮮豔的背心，正背面都寫著「配藥中，勿打擾」。只要護理師穿上背心開始配藥，誰跟他說話他都可以不予理睬，也不需要向詢問人解釋。就這一個小小的措施，讓美國護理師在六個月的時間內，配藥出錯率下降了四七%。現在這個方法已經推廣到全球，中國很多醫院也在採用。

其他行業也會有這樣的關鍵時刻，比如飛機在起飛和降落時最容易出事故。於是航空公司就有一個規定：只要飛機高度低於一萬英尺（三〇四八公尺），飛行員必須保持靜默，嚴禁和任何人交談。

人員改進相對困難，但環境改善要容易得多，而環境的變化往往會帶來人們行為習慣的顯著變化。

## 培養習慣

《你可以改變別人》對於養成習慣有一個好的建議：設定一個行動力開關，把決定權交給環境。比如，每天上床睡覺前，看半個小時的書；送孩子上學後，跑半個小時的步；上班落座後，先列出一天的工作安排清單。這樣可以避免實現目標時受到干擾，持之以恆，習慣就很容易養成了。

## 召集同伴

如果大街上只有你一個人，別人摔倒了你會立刻去幫他。一旦人來人往，大家都會觀望，幾乎沒人會行動，這就叫「同伴壓力」。我們在街上遇到壞人或東西被搶時，千萬不要朝一群人喊「幫忙」，最好找準一個人。網上有貼文介紹，如果女孩在路上遭遇壞人綁架，緊急情況下應該踢翻旁邊的車、摔路人的手機、砸壞某樣東西，也是同樣的道理。把矛頭轉向一個人，他可能更願意幫你。

如果我們想召集更多人一同行動，就要打破同伴壓力。最好的辦法是各個擊破，先從自己開始，然後從身邊的朋友一個一個攻克。不行動的同伴壓力逐漸減少，行動的同伴壓力開始增加，原來的壓力變成了動力。從外在環境到內在環境都在變化，改變就自然發生了。

## 結語

巴黎艾菲爾鐵塔剛落成時，幾乎遭到所有法國人的痛罵：「這個怪物太醜了，立在這裡簡直太奇怪了。」現在呢？法國人已經把它當作地標了。如果你說它醜，他們搞不好還會記恨你。阻力有可能會變成動力，它們都是一種慣性，需要看你如何轉化。這個過程往往在起步的時候最難，一旦開始轉變，這個慣性就像滾雪球一樣，越滾越大，想停都停不下來。

盤點自己生活中需要改變的方面，給自己一點時間，從前述三個方面，運用九種具體方法，讓自己改變的雪球滾起來吧。

# 第 3 章

# 提升自我核心競爭力

傑出，
不是一種天賦，
而是一種技巧。

# 06｜真正的高手都在刻意練習

傑出並非一種天賦，而是人人都可以學習的技巧，
成為傑出人物的關鍵，在於刻意練習。

——安德斯．艾瑞克森（Anders Ericsson）

推薦閱讀：《刻意練習》（*Peak*）

## 引言

很多人認為，天才是天生的。我們在生活中總會遇到一些天賦異稟的人，好像天生自帶某種才華，然後逐漸成為某個領域的傑出人才。如果你也有這樣的想法，我推薦你一定要看《刻意練

習》這本書，它會讓你重新認識「天才」。如果你還年輕，或是為人父母，更有必要及時了解，因為這本書會告訴你真正的天才成就之道。即便不能成為天才，你依然可以成為某個行業裡特別厲害的人。

## 天才的真相

在古典音樂界，莫札特被認為是不折不扣的天才。他四歲譜曲，六歲巡迴演奏，還擁有天生的「絕對音感」——給他任何樂器彈奏的調子，他都能分辨得出。雖然現在這樣的能力沒那麼高深莫測，但在兩百多年前，幾乎人人都認為他就是個音樂天才！其實不然。莫札特的父親是一位作曲家，但鬱鬱不得志，所以他傾注了所有的心血，發誓要把自己的孩子培養成最優秀的音樂家。在莫札特之前，他培養過家裡兩個更大的孩子，雖然沒有完全成功，但成績也不錯，並且在此過程中累積了豐富的經驗。等到小莫札特時，他爸爸乾脆辭去工作，全職培養他，把前面的經驗全部用上，對莫札特進行了魔鬼式的訓練。雖然我們不知道他爸爸的訓練方法是什麼，但至少可以說明莫札特的絕對音感是訓練的成果。

在小提琴界，帕格尼尼是「天才」的代名詞。一次演出時，他在台上正拉著小提琴，突然「砰」的一聲，一根弦斷了。別人都覺得「這下完蛋了，肯定沒法繼續了」，但帕格尼尼就像沒事人一樣，繼續拉著三根弦。過了一會兒，又聽到「砰」的一聲，又斷了一根弦，這下僅剩兩根弦了，他還是鎮定自若地接著演奏，而且依然流暢。「砰！」第三根弦也斷了，就剩最後一根弦了！帕格尼尼依然不理會，行雲流水，用一根弦完成了整首曲子。音樂停止，台下響起雷鳴般的掌聲，簡直精采絕倫，這是一位音樂天才！帕格尼尼張開左手，因為在一根弦上使勁兒滑動，手指上全是血！

電影通常都是這樣謝幕的，而真相絕非如此。《刻意練習》作者安德斯·艾瑞克森博士調查了所有這些天才的背景，包括帕格尼尼。他發現帕格尼尼之所以能夠從四根弦到一根弦拉完整首曲子，是因為他曾經為了追求一位女士，創作了一首曲子——不用中間的兩根弦，只用剩下的一根粗音弦和一根細音弦演奏，這首曲子就好像一對熱戀的男女在對話。所以，那次演出的斷弦並非意外，而是他刻意為之。那次演出是他完全掌握了用一根弦演奏的技巧，為了演出效果而特別設計的斷弦之奏。

安德斯·艾瑞克森博士經過大量的研究和實驗證明，天才的能力並非生而有之，訓練可以創造我們以前並未擁有的技能。這個幫助我們突破能力邊界的學習方法被稱為「刻意練習」，任何人都可以持續訓練，成為各個領域中傑出的人才。

麥爾坎·葛拉威爾（Malcolm Gladwell）在《異數》（*Outliers*）這本書中提出了「一萬小時

定律」，就是指不管你做任何事情，只要堅持一萬小時，基本上就可以成為該領域的專家。這個觀點曾經風靡全球，但仔細一想還是會發現其中的漏洞。比如，一個看門的大爺，看門時間超過幾萬小時了，他成為保安中的高手了嗎？還有一個在課堂上混日子的老師，講了幾十年的課，他成為特別傑出的老師了嗎？肯定沒有。反之，有些事情根本不用花費一萬小時，只要能夠進行幾百個小時的刻意練習，你就能有所突破，成為一名專家。

《刻意練習》的兩位作者在二十世紀八〇～九〇年代曾做過一個很有意思的實驗。他們請一位大學生每週來實驗室一次，用一個小時的時間接受訓練：由一個人隨機說出很多數字，這個大學生來記，然後挑戰能夠記住多少位數，有點像中國節目《最強大腦》。大多數人只能記住七個數字，記憶力好一些的可以記住十一個，相當於手機號碼的長度，這就已經很不錯了。剛開始訓練時，這位大學生記到八位數時就遇到了瓶頸，覺得再往下記腦子已經不夠用了。於是他們不停地想各種辦法來延長記憶的位數。大約過了兩年，也就是訓練了一百多次之後，你猜這位大學生能夠記住多少數字了？八十二個，輕輕鬆鬆！而他最初只是個一般人，沒有任何記憶天賦。

於是，這兩位作者向大家分享了他們摸索的記憶術。結果發現，一般人只要採用這種方法不斷加以訓練，就能記住特別長的一串數字，遠遠高於最初未經訓練的水準。現在，一個中國孩子去參加這樣的比賽，能記住三百多位亂數字，一個不差。這個實驗挑戰了我們對於天才的認識

——天才是可以訓練出來的。

## 人類的極限

一九〇八年，有一場舉世矚目的馬拉松比賽，被稱作二十世紀最偉大的比賽之一。這場比賽的冠軍——一位叫約翰尼·海斯（Johnny Hayes）的小夥子創造了兩小時五十五分十八秒的世界紀錄。一百多年之後的今天，馬拉松世界紀錄已經被刷新到兩小時一分三十九秒，縮短了近一個小時。如果你是一位十八至三十四歲的男性，現在想要參加波士頓馬拉松比賽，成績不能低於三小時五分。換句話說，一九〇八年的世界紀錄，在今天才剛剛夠格參賽。

以前的跳水比賽，運動員嘗試空翻兩圈時，差點身受重傷。這樣的空翻被認為是挑戰人類極限的動作。跳水運動也曾一度因其危險性，險些被奧運會取消。再看現在的跳水運動呢？空翻兩圈已經成了入門方案，即使是十歲的孩子也必須練會。

自古以來，人們對背誦圓周率這件事情有獨鍾，《少年 Pi 的奇幻漂流》（*Life of Pi*）裡就有背誦圓周率的情節。早在一九七三年，理查·斯賓塞（Richard Spencer）創造了一個前無古人的圓周率背誦紀錄——背誦到小數點後五百一十一位。想想你能背誦到多少位？十幾位就不錯了。這個紀錄後來被一個叫大衛．沙克爾（David Shuker）的美國人打破了，他背誦到了小數點後一萬個數字。更嚇人的是，一個叫米納的印度人，他背誦到了小數點後七萬個數字。這還不是極限！再後來有一位叫原口證的日本人，他聲稱背誦到了小數點後十萬個數字，簡直匪夷所思！

再看一下做伏地挺身的紀錄，你就會發現，背誦圓周率這件事簡直就是小菜一碟。如果你能夠一口氣做一百個伏地挺身，基本上就可以稱霸朋友圈了，但我只能說你是正常人裡比較厲害的。一個日本人在一九八〇年創下的紀錄是一口氣做一萬零五百零七個伏地挺身。後來金氏世界紀錄不再接受這個申請了，因為覺得數的時間實在太長了。他們只接受一個申請——二十四小時之內能夠連續做伏地挺身的數量。這個數字被一個美國人創造——二十一小時二十一分鐘之內做完了四萬六千零一個伏地挺身。

這些數字表明，**人體的極限是在不斷被挑戰和刷新的**。記數字是大腦的極限，跑步、跳水、伏地挺身是身體的極限。

## 大腦的適應力

為什麼人類總是可以不斷超越極限呢？其實所謂的瓶頸，更多時候只是心理層面的障礙，事實上離真正的極限還很遠，只是個人的動機不足罷了。因為科學研究發現，**大腦的適應力遠遠超過一般人的認知**。

倫敦擁有世界上最複雜的道路，街道完全沒有規律，就是跟著GPS走都有可能迷路。所以，倫敦計程車司機需要透過被認為是世界上最難的資格考試——給你特定的時間，再給你一個偏僻角落的位置，你要在指定時間內準確到達。曾經有一道考題是讓計程車司機把考官帶到一尊手拿乳酪的老鼠雕像前，這個雕像只有一英尺高，而周圍都是高聳入雲的建築。因為倫敦計程車司機收入不錯，所以很多人拚命練習，去考這個駕照。

心理學家給取得駕照的倫敦計程車司機做了個腦部掃描，發現一個很有意思的現象：與那些沿著一定路線開車的公車司機和普通人相比，倫敦計程車司機的海馬迴（大腦中涉及記憶的區域）後部要大得多。原本科學界認為，成人的大腦布線已經固定，是沒有辦法改變的，而現在他們發現，原來我們的大腦不斷成長，鍛鍊可以使大腦發生改變。如果你願意刻意練習，你的大腦會有無限的適應能力，突破前人的成績也指日可待。

## 什麼是刻意練習

刻意練習和一般的練習不同（見圖表11）。

### 1. 要有明確的目標

你所做的每一件事，都要有明確的目標，最好是可以測量的。為什麼跳水、國際象棋、記數字、做伏地挺身這種事情最容易做刻意練習呢？因為它們好測量，有明確的標準，所以每次訓練都有明確的目標。

### 2. 一定要專注

佛蘭克林大家都很熟悉，他是美國非常著名的作家，也是一位科學家。他有一個嗜好，就是下象棋。他下國際象棋的時間，沒有上萬小時也有幾千小時，但令他非常煩惱的是，他總是成不了一流高手。他很聰明，這麼厲害的一個人為什麼總是成為不了一流的國際象棋選手呢？原因是，他沒有踐行刻意練習。他只是把下國際象棋當作一項休閒活動，有朋友來了就下一盤，而沒有專門找一個教練，記錄每一個棋局的變化，研究棋局。所以，他只是機

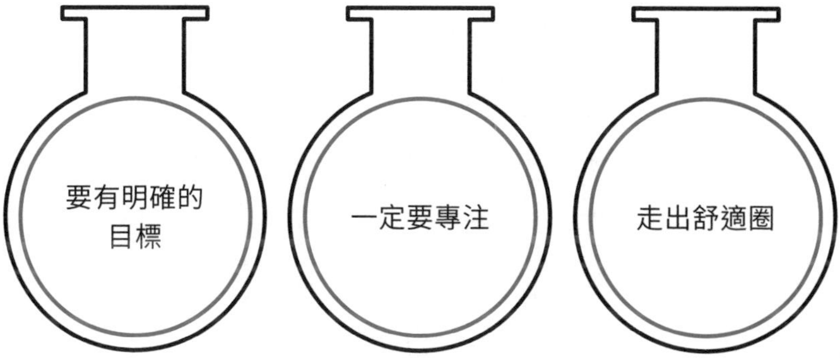


圖表 11　刻意練習的三大指標

械地累積下棋的次數，並沒有提高下棋的能力，就像有些人一天到晚打牌、打麻將，但很難成為賭神。

相反，佛蘭克林在寫作方面可是高手，他是如何做到的呢？佛蘭克林小時候沒有條件上學，但他又很想寫文章。於是，他找來一本自己特別喜歡的雜誌，把文章都讀一遍，然後仿寫，就是拋開原文，自己根據理解重寫一遍。寫完之後再與原文對照：這一段怎麼漏了，那個詞用得不對。這就是刻意練習，他不斷設定目標，不斷練習，然後不斷回饋，並且不斷改進。就這樣，他成了著名的作家。

葛拉威爾在《異數》中舉了一個披頭四樂園的例子：披頭四因為做了上萬場演出，所以成了最優秀的歌手。艾里克森認為這根本就不對。披頭四的演出不是在做刻意練習，雖然累計了幾萬個小時，但他們的水準還有可能下降。因為累，因為隨意發揮，他們只是在享受。那披頭四究竟厲害在哪裡？寫歌！他們的聲音和演唱技巧跟別的歌手差別不大，但他們的歌真的很好聽。他們用了無數個小時不斷寫歌，不斷遣詞造句，不斷研究旋律，這才是使他們成功刻意練習的來源。

### 3. 努力挑戰，走出舒適圈

每次練習都要比上一次有進步，每次練習都要有回饋。看完這本書後，我終於明白為什麼減肥時一定要準備一台體重計了，這就是回饋。每天都去量一下體重，看自己有沒有變瘦。如果瘦了，是為什麼？如果沒瘦，又是為什麼？然後繼續不斷練習。這就是刻意練習的基本框架。

## 心理表徵

這個基本框架中有一個非常重要的概念——心理表徵。什麼是心理表徵呢？就是你對一個事物形成的下意識反應。比如，當你看到一條狗的時候，你不會用資料來判斷：犬科一般都有什麼特點，牠的尾巴應該什麼樣，頭應該什麼樣。你的第一反應就是——小狗。這就說明狗在你腦海中已經形成了一個心理表徵，你根本不需要思考。

更貼切的比喻就是打字。現在先別把手放在鍵盤上，你想一下，A在哪兒，O在哪兒，N在哪兒，能想起來嗎？我是想不起來。但是你真打起字來，劈里啪啦，自然而然就打出來了。因為你在打字的時候，你的手指按哪個鍵，這個動作已經不需要經過大腦了，不需要再去認真思考那個鍵是什麼了。這就叫作心理表徵，是一種下意識的反應。

有一次世界盃比賽，阿根廷球員連續十七腳傳球後射門，就是對方球員還沒碰到球，傳了十幾腳，球就進了，這太經典了。怎麼能踢得那麼好呢？原因就是，他們根本沒有講究意識、判斷、走位，這是對中國隊的要求，而他們是完全把踢球訓練成了下意識的動作。當你有了足夠的下意識時，你對整場球賽就存在著一個完整的心理表徵。這也就是為什麼業餘的人看球，和專業的解說人員看球完全不一樣。解說員看球時的感覺就是一個完整的心理表徵，而我們這些業餘的人沒有建立這樣的心理表徵。我們只能說：「這個男的長得好帥」、「這個球星真棒」、「這個動作真好看」……就只能看到這些而已。這叫作外行看熱鬧，內行看門道。

你們見過下盲棋的人嗎？就是不看棋盤，自己走來走去的那種，一個人說走了什麼棋，另一個人就說走什麼棋。最厲害的人能夠同時跟一百多個人下盲棋，他腦子裡要記住一百多盤棋局，然後不能看棋盤，指揮那些棋子往哪兒放。事實上，對於象棋大師來講，下盲棋根本不算什麼特別的挑戰。這就是因為他們建立了非常完備的心理表徵，因為他們對棋盤太敏感了，他們看到棋的布局，就想到了這個棋的結束。很多人都以為這些大師記性特別好，後來他們做了一個實驗：把這些盲棋大師找來，又找了一些普通人，然後在棋盤上隨便擺棋，讓這些大師和普通人來記棋子的位置。研究發現，大師的記憶水準跟普通人幾乎沒有區別，也就是說大師根本記不住桌上隨機擺棋的位置。為什麼呢？因為這不符合他們的心理表徵，這個東西沒有能夠讓他們形成下意識的反應。

明白了心理表徵這個概念之後，我們就明確了訓練的目的——把我們訓練成對某件事情有下意識反應，具備完善心理表徵的一個人。比如說跳水，一個跳水運動員做出高難度動作，他一定對這件事了然於胸，並且清楚想像到了自己肌肉的分配和身體的做法，不需要有意識地控制自己的身體。

## 在工作中刻意練習

就我自己而言，我對什麼事實現了具有心理表徵呢？哪件事我算是比別人厲害一點的呢？可能就是講書吧。我拿到一本書一看，就能非常清楚抓住這本書的脈絡。事實上，我每週讓自己講一本書，就是在做刻意練習。如果我每次都要求自己講得再好一點點，那就更厲害了，這就是在工作中不斷訓練自己刻意練習的能力。

拿開車來說，如果你是新手，開車就一定會仔細想好先做哪一步、後做哪一步、該怎麼走。但是如果是老司機，往往發動就走，怎麼開到目的地的都不知道，因為這一過程完全在心理表徵的控制下。練習就是要不斷建立各式各樣熟練化、下意識反應的心理表徵。

如果你能訓練自己，使自己成為某些方面的高手，你就具備了與他人完全不同的心理表徵。怎樣建立心理表徵呢？作者繼續做了深入的研究。他找了很多在德國學小提琴的孩子，從中挑出三類人：優秀、優異和傑出。優秀拉得不錯，優異就是比優秀好一些，而傑出就是大師了。他仔細調查了這些孩子所有的成長經歷，最後發現他們都進行過刻意練習，沒有刻意練習過的是不可能成為專業人士的。而這三種人的區別就在於，他們十八歲之前練習小提琴的時間。優秀的人平均練習三千四百二十小時，優異的人平均五千三百零一小時，而傑出的人平均七千四百零一小時，僅僅這個平均數就相差了兩千多個小時。這說明**刻意練習的時間和最終的結果，存在著必然的關聯**。

美國電影《拼出新世界》（*Akeelah and the Bee*）是一個以黑人為主題的電影。影片中的小女孩要去參加拼字大賽，她一開始認識的字並不多，也不是特別聰明的孩子，但是教練不斷對她進行訓練，最後她記住了幾乎所有的字。因為到爭奪冠軍的時候，一定會遇到特別生僻、特別奇怪的字，她要記得住才能取勝，這就需要對大腦進行刻意的訓練。

優秀、優異和傑出的差別主要取決於時間，這和葛拉威爾所說的「一萬小時定律」有類似之處。但我們要更明確一點，不是所有的事情，做一萬小時就夠，也不是所有的事情，都需要一萬小時才能夠走入專業。

那麼《刻意練習》的作者為什麼一定要反對「一萬小時定律」呢？原因是這個理論會產生三個誤導（見圖表12）：

1. 不能隨便承諾。你不能跟任何人承諾說，只要達到一萬小時就會怎樣。有個房仲跟我說自己賣房子已經快接近一萬小時了，言下之意就是接近賣房專家，這可不好說。事實上不是所有行業，做夠一萬小時就可以成為專家。
2. 有時候其實不需要一萬小時。很多人聽到一萬小時都嚇壞了，直接放棄。但有些事情，幾百個小時就足以讓你拉開和普通人的差距了。
3. 有時候練習就算超過一萬小時，甚至幹了一輩子，也成不了專家。

湯姆・克魯斯（*Thomas Cruise*）的成名作《捍衛戰士》（*Top Gun*）很多人都看過，那時候阿湯哥年輕帥氣，騎摩托車飆車，開飛機。這部電影的原名 Top Gun 其實是美國空真實軍的訓練方式。越戰期間，最開始美國損失一架飛機，越南要損失兩架飛機，但之後越南人用了蘇聯人的訓練，有了米格戰機，戰鬥力大增，

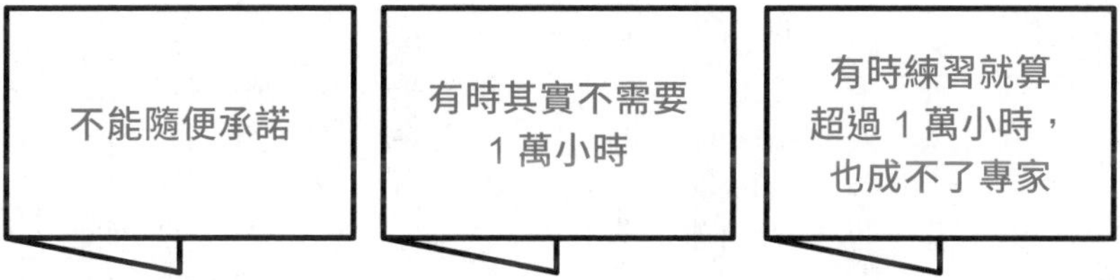
不能隨便承諾
有時其實不需要 1 萬小時
有時練習就算超過 1 萬小時，也成不了專家

圖表 12　刻意練習的三大誤解

一架越南飛機可以對一架美國飛機。美國人急了，損失也太大了，於是他們成立了一所學校，命名為「Top Gun」。在這所學校裡，由一群技藝精湛的教官扮演敵機，不斷挑戰學員的飛行極限。每一次風險都很大，每一次都能讓學員感覺到要死，甚至真的發生過墜機事件，這種訓練方式引發很大的爭議。訓練時，戰機上的攝影機不斷記錄，結束以後，教員和學員一起對照記錄，分析下次怎樣避免錯誤。教官在不斷訓練學員的過程中，自己的水準也會不斷提升。所以學員們面臨的挑戰越來越艱巨，他們也變得越來越厲害。後來真正上戰場，一架美國飛機能夠擊落五架越南飛機，有時候甚至一架飛機都沒損失就能把越南的飛機打下來好幾架。這種訓練方式，就是一種刻意練習。

怎樣將這種方式引入我們的工作中呢？在工作中使用刻意練習的最佳方法，就是把每一次工作都視作一次訓練。比如做PPT，很多人都覺得太沒勁了，一天到晚沒完沒了。但換個角度想，如果每次都要求自己進步一點點，你就能透過不斷訓練成為一個PPT大師。

我自己最喜歡的訓練就是演講。我整天都在演講，幾乎每星期都要做一場千人的演講。一開始，我上場前也會緊張，有時候覺得自己就是在取悅觀眾，講完後感覺很累。所以我選擇挑戰自己，看看能不能讓自己的心理變得更強大，可不可以不用那麼「賣力」演講，畢竟真正的高手都舉重若輕。這就和唱歌一樣，歌手唱歌的時候都是很輕鬆的，聲音也特別好聽，我們業餘的人唱歌就容易噴麥。所以我就想，我演講的時候能不能也像那些歌星一樣，非常淡定、慢慢地講。最近我發現自己上場之前，心跳不會再加快，然後我就在台上慢慢講。下一步的挑戰就是，我要慢慢地講，還能讓大家笑聲不斷、全神貫注。這就是在不斷設定一個又一個目標。

你把工作視作練習時，就能改變三種錯誤思想：

1. 基因限制的思想。有人認為，能言善道的人是基因好，但並非如此。辯論賽裡很多優秀的辯手小時候都口吃，因為要訓練避免口吃，才不斷對著鏡子練習，最後練成了辯論賽的冠軍。
2. 要有足夠長的時間，才能成功。
3. 只需要足夠努力，就能成功。刻意練習的時間和方法都很重要。

## 3F 原則

刻意練習可以簡單地記作 3F 原則（見圖表 13）。

**第一個 F 是指專注（focus）**。一個高爾夫球手練習的時候，他的教練過來問他：「你在幹麼？」「我在訓練。」他回答道。教練說：「你根本就不是在訓練，你是在玩。你打球的時候並沒有專注，你沒有認真思考自己的動作，必須不斷糾正自己，建立更加強大的心理表徵。」

老虎伍茲在獲得了八次世界冠軍之後，決定從頭開始練習揮桿的動作。美國籃球員柯比（Kobe）可以一個人在球場，把一個枯燥的動作重複無數遍，他曾經問過這樣一句：「你有沒有見過淩晨四點的洛杉磯？」

**第二個F是指回饋（feedback）**。一定要獲得回饋，找個人告訴你哪裡做得好、哪裡做得不好，最有效的辦法是找一個私人教練。有一位七十歲的老人，突然想學空手道。他找到艾里克森博士：「我知道你在研究刻意練習，你能不能告訴我，像我這樣的還能不能練到黑帶？」於是，他們制訂了一個計畫，來幫助老人家拿到黑帶。他們給這位老人找了一個私人教練，不斷矯正他的問題，不斷設

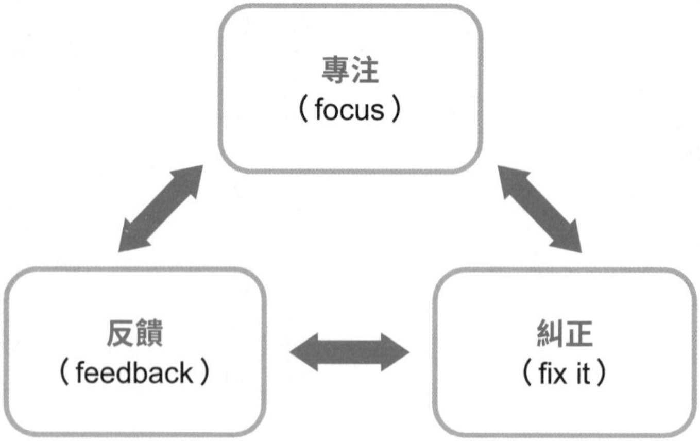


圖表 13　進行刻意練習的 3F 原則

置任務、練習。這位老人每天用大約五個小時來練習空手道，五年後，他在七十五歲時就拿到了藍帶。按照這個節奏，他有望在八十歲時拿到黑帶。

還有一個人，跑來跟艾里克森說他想成為高爾夫的專業選手。艾里克森問他：「你打過嗎？」「沒打過。」他回答道。「沒打過高爾夫，那你從事過別的什麼運動？」艾里克森追問。「沒有。」他說。他什麼運動都沒從事過，就想成為一個高爾夫的專業選手。於是，他們一起制訂了一個計畫，找了專業的人幫他，他真的在短期內突飛猛進。這就是刻意練習的力量。

**第三個F是指糾正（fix it）**，就是在發現有問題時及時改正。回饋的作用是讓你發現差距在哪裡，下一步就是要改正它。我中學的時候打桌球，純粹就是玩，每次上台都跟人比賽，業餘的人都很喜歡打比賽。結果一到大學，遇到幾個專業選手，發現根本打不過對方。專業的同學就告訴我：「你的每個動作都有問題，每個動作都差一點點，你肯定打不過我啊。」通常，他們的方法是：一個動作練好再練下一個。比如，今天下午練正手弧圈球，那這個下午不幹別的，就正手弧圈球「啪啪啪」使勁打。這個練好了，下次再換反手推擋。我乒乓球進步最快的時候，就是在西安交通大學讀書時跟這些專業選手在一起訓練的那段時間。你會發現，雖然很枯燥，沒有打比賽有意思，但是練習才能讓你進步。我到現在腦海中還存有那個畫面：天已經黑了，我們幾個人還在球場上，不停「乒乓、乒乓」……

日本桌球選手福原愛的媽媽訓練她：「愛醬，今天我們要練習一千個球不斷哦！」愛醬說：「是。」然後兩個人就開始打，「乒乒、乒乒」……一千個球不間斷，斷了就要重來。愛醬一會兒就哭了，一邊哭一邊打，但她一定要訓練到能連續打一千個球不間斷。

糾正就是你要想辦法把自己的短板訓練到有所突破。中國桌球教練劉國梁訓練中國桌球選手張繼科的時候，動作快到像機器一樣，快到根本看不見手，球就瘋狂地發過去，張繼科就在那邊「啪啪啪啪」一直打。這太累了，一盆球打完之後，張繼科已經累得喘不上氣了。這個時候劉國梁說：「嗯，這個速度還行。」這才叫專業。

這就是3F原則：首先從專注開始，其次找到專業的人給我們回饋，最後不斷糾正。**不斷挑戰舒適圈，就能讓工作成為刻意練習的戰場。**

## 在生活中刻意練習

刻意練習如何運用在生活中呢？第一步，找一位專業導師，了解他的口碑和之前學員對他的評價，看他獲得的獎項。第二步，拜他為師，每週只要拿出固定的時間練習就可以了。

如果沒有導師怎麼辦呢？我們來看一個故事。有一個馬戲團的小丑，負責在兩個節目的空檔上台給大家講故事，目的是留住觀眾。而在兩個節目之間，很多人都會去買爆米花或聊天，沒有人會在意中間串場的小丑。這個小丑很失落，他想成為一個講笑話的大師。於是，他想到一個辦法，他在街頭隨便攔住一個人，跟對方聊天、講笑話。可是，陌生人無緣無故不想跟他說話，只是想匆匆離開。他每次給人講故事，被拒絕時就計時，每天統計跟街上的陌生人聊了多久。他的目標是，要訓練到自己跟任何一個人聊天，只要一開始就能聊好幾分鐘。後來，他講故事的能力真的變得超級強。而縱觀全部過程，他並沒有找到大師，他只有一個碼表而已。其實，碼表就是一個非常重要的大師——給你**回饋**。如果沒人幫你，你就要自助，自己記錄時間，及時回饋、反思。

艾里克森發現一個很有意思的情況：每年一過春季，二手吉他的交易就特別熱門。為什麼呢？因為很多人都在新年的時候許願要買一把吉他學，但是過完了春天，才發現自己真學不了。各大俱樂部裡也有大量辦好的卡沒人用。很多人都難以跨越停滯階段，突破不了瓶頸，從普通人到專業人士，要跨越這個停滯階段是非常困難的。在這個時候，要學會一件事：**保持動機**。

很多人認為那些強人之所以那麼厲害，是因為他們有超強的意志力。但事實上，世界上並不存在普適的意志力：一個人在一件事上有意志力，在其他事情上卻未必。所以，根本沒有意志力一說，所謂意志力的表現，都來自動機。

如果你希望自己在生活中，能夠突破這些停滯階段，就一定要學會保持動機。（見圖表14）

## 1. 養成一種習慣

每週一小時或每天一小時，讓自己堅持做一件事。作家的習慣就是每天堅持寫作，運動員的習慣就是每天訓練。

## 2. 找到外部支持

外部支持可以帶給你很強的動力，讓你不斷進步。佛蘭克林成立了一個俱樂部，只接受超級強人，俱樂部裡的所有人每週聚會，分享自己的

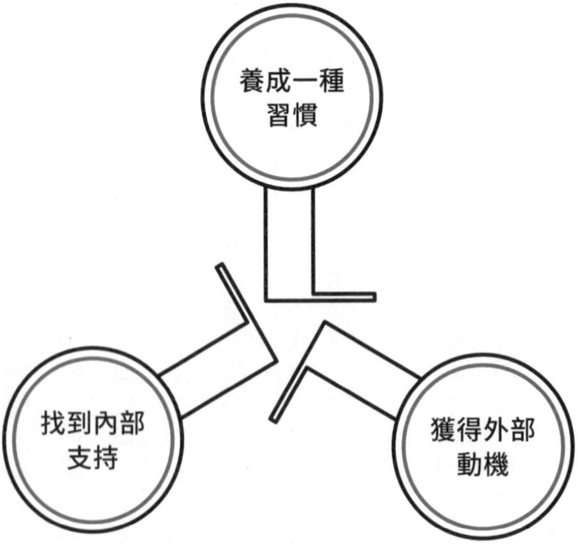


圖表 14　突破停滯階段的三方法

新發現。這時候大家就會發現，不學習都不行，因為別人在不斷督促你進步。

## 3. 獲得外部動機

如果你想練健壯，最好在牆上貼一大幅健身人士的照片；如果你想減肥，就要經常看那些瘦子的照片。所以說，需要用各式各樣的方法找外部的動機維護自己的動機，這樣才能保持自己在生活中刻意練習的節奏。

# 從刻意練習到成為高手的四個階段

任何一個人，從開始刻意訓練到最後成為高手，都要經歷四個階段（見圖表 15）。

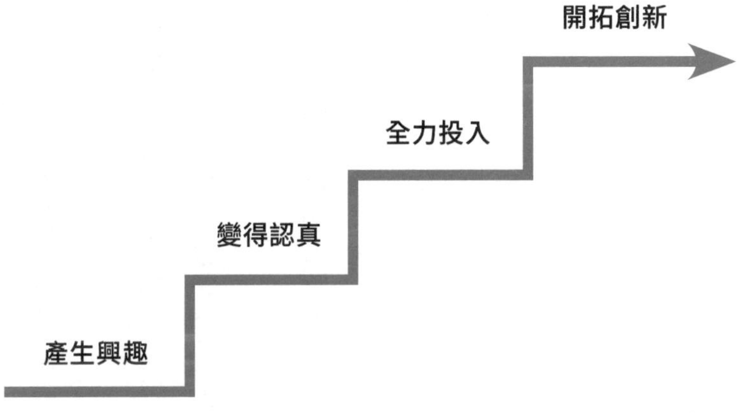


圖表 15　成為高手的必經四階段

**1.** **產生興趣**。並不是所有的孩子一開始就喜歡下象棋，也不是所有的孩子一開始就喜歡拉小提琴，他們的父母給他們創造了產生興趣的機會。在第一個階段，接觸、娛樂，不管別的。

**2.** **變得認真**。就好像我兒子嘟嘟學跆拳道，到現在慢慢變得認真了。當他獲得藍紅帶這個比較高階的段位時，他就放不下這件事了，覺得每週一定要去訓練，而且要刻意練習。

**3.** **全力投入**。像專業的選手一樣，全情投入，心繫一處。

**4.** **開拓創新**。就像劉國梁用拍子的背面直拍反打一樣，當你開始發明這些東西的時候，你就處於開拓創新的階段了。

如果你能走到第四階段，就說明已經成為真正的高手了。

## 對天才最合理的解釋

回到最初的問題，真的不存在天才嗎？很多人都會說，肯定是有的。對於天才，最合理的解釋是什麼呢？因為家裡特定的氛圍和文化，所以孩子更有可能對某件事產生興趣，進而產生動機，然後持續練習。這就是為什麼很多技能會代代相傳。

我一個朋友的哥哥是中央交響樂團的首席小提琴家、中國大劇院的音樂總監。他哥哥的小提琴已經達到國際頂尖水準，但是他彈鋼琴就只比高中老師強那麼一點點。他們的爸爸是一位音樂家，在教哥哥的時候用盡全力，拉不好，揍一頓！嚴師出高徒，最後培養出了哥哥。到了他，爸爸就捨不得揍了，覺得老二太小了，所以他也就練得馬馬虎虎。當然，我們並不是宣導大家揍孩子。這裡想說明的是，他們的爸爸是位音樂家，幾乎所有在音樂方面特別出色的人，家裡都有一定的音樂背景。所以，對天分最好的解釋，就是你能更有機會對某件事產生興趣。

還有人說，有的自閉症小孩數學特別厲害，有的畫畫特別好，這難道不是天分嗎？不是，因為患有自閉症的人比普通人更容易專注。患有自閉症的小孩一旦進入某種狀態，就會極度專注，所以，不管學數學還是繪畫，他們都會比一般人做得更好。這不是天賦，而是經過不斷練習之後，才獲得的能力。

所以，對於天分的真正理解，就是它能夠給你提供興趣，同時給你提供動機，讓你覺得自己渴望成為一個這樣的人。你見過很多這樣的人，並且在這方面產生了興趣，這才是最重要的。

## 結語

《刻意練習》最大的意義在於，它告訴我們智商和天才之間沒有必然的關聯，天才之所以為天才，只是因為他們經過了刻意練習，在腦海中產生了心理表徵。不論什麼時候開始刻意練習，都為時不晚，年輕人尤其具有優勢。這給人類提供了一個完全不可思議的未來。如果走在街上的每一個人都有一技之長，能同時記住三百個數位，或是能成為象棋大師、會跳水、會空手道……這個世界就會變得特別精采。

# 07 — 識別關鍵對話，溝通不再困難

當我們面對重要問題保持沉默時，我們的生活便開始上演悲劇了。

——馬丁．路德．金恩（Martin Luther King, Jr.）

推薦閱讀：《關鍵對話》（*Crucial Conversations*）

## 引言

人這一生中總會面臨很多關鍵對話的時刻：一次關鍵的面試、向心愛的人求婚、面對一場艱難的商業談判、和另一半吵架……那麼，你能搞定多少次呢？又有多少次因為不會面對關鍵對話而喪失良機？

你可能會自責：我怎麼就控制不住脾氣、怎麼就那麼笨，明明想好了詞最後怎麼就沒說出來……《關鍵對話》就是為了解決你遭遇過的這些問題。根據這本書的指引，你會發現自己也可以好好控制自己的情緒，能夠有智慧引導對話走向問題解決。

值得一提的是，這本書由四位不同背景的作者連袂奉獻：有史丹佛大學組織行為研究專家、有諮詢顧問、有著名演講師。除了本書，他們四位還著有《關鍵衝突》（*Crucial Accountability*）、《影響力大師》（*Influencer*）、《關鍵改變》（*Crucial Anything*）其他三本暢銷書。這套方法成功被《財富》（*Fortune*）五百強中的三百多家企業採用，迄今為止在全球培訓過近百萬人。這本書也得到了美國著名管理學大師史蒂芬・柯維的青睞，他親自為第一版和第二版撰寫序言。

## 關鍵時刻，為什麼我總是失常

關鍵對話有三個特徵：一是利益攸關，比如面試、升職、加薪、相親，事關自己的重大利益；二是雙方情緒激烈，比如生活和工作中發生的衝突、爭執；三是雙方意見分歧很大，比如你不讓孩子玩遊戲，但孩子偏偏想玩。任何符合這三類情形之一的對話都被稱為「關鍵對話」。其實，這個定義並不重要，你只要知道**關鍵對話就是那些事關重大又很難搞定的對話**就可以了。

有句中國東北方言俗語「關鍵時候掉鏈子」，為什麼有些關鍵對話談完後，你會特別懊惱，感覺那時候的表現完全不像自己？平時那個談笑風生的你，突然緊張得一塌糊塗，或激動得忘乎所以。我們每次打完辯論賽後都要「復盤」，最常聽到隊友抱怨的就是：「為什麼這麼好的一個理由、一個案例我就給忘了呢！」最會說話的一群人，關鍵時候竟也會失常。要知道，人最恐懼的事情是在一群人面前說話，二號恐懼才是死亡。

「關鍵時刻掉鏈子」來自我們祖先在原始社會時的本能反應。人類學從生物和文化的角度來研究人類，它發現我們現代人的很多行為方式其實都根源於在原始社會中養成的習慣。設想一下你生活在原始社會，可能會遇到什麼危急情況。與一隻老虎狹路相逢，或者被一群外族部落的人圍起來，你的第一反應是什麼？要麼衝上去拚了，要麼扭頭就跑——「戰或逃」。無論是打還是逃，都要求四肢快速反應：你的腎上腺素開始飆升，血液迅速湧向四肢，讓你瞬間滿血復活，充滿戰鬥力，但你的大腦卻因為缺血無法正常思考。此時，你的身體已經做好了應對危險的準備，而你的智力水準卻和一隻獼猴差不多。

「戰或逃」使得我們在面臨關鍵對話時，往往會陷入「要麼憤怒——得罪對方」、「要麼忍受——委屈自己」的兩難境地，而這兩種結局都不是我們想要的。怎樣才能做到恰如其分，既把事情解決了，又不會破壞彼此的關係？這就是《關鍵對話》要解決的問題。

我們在關鍵對話的情境裡，要始終堅持一個原則：**對對方保持百分之百的尊重，同時做到百分之百的坦誠**。我在講課時一說到這個原則，大家就一片譁然：「這怎麼可能，坦誠就會傷人，都傷人了還怎麼談得上尊重？」如果你能掌握關鍵對話的技術，就完全可以做到。

## 從「心」開始：管好自己的情緒

《關鍵對話》的作者建議要從「心」開始，就是先審讀你的內心。弘一大師曾說：「盛喜勿許人物，盛怒勿答人書。」特別高興時別隨便許諾把東西給別人，如果事後後悔可就要不回來了；特別憤怒時也別隨便給人寫信，此時寫信肯定沒什麼好話，得罪人也就在所難免了。進行一場關鍵對話之前，首先要管理好自己的心態，讓自己平靜下來。許多人會說：「這個道理我懂，我也想讓自己平靜下來，但火氣來了怎麼擋也擋不住，恨不得捲起袖子跟人幹架！」那麼，怎樣才能管好自己的「心」呢？很簡單，人的憤怒都不是他人引起的，而是自己造成的——「等等，這怎麼可能！要不是孩子學習不好，要不是下屬老遲到，要不是另一半不做家事，我怎麼會生氣？一分鐘前我還好好的呢！」

我曾講過一本《我的情緒為何總被他人左右》（*How to Keep People from Pushing Your Buttons*），作者亞伯・艾里斯是美國心理學大師，他提出的情緒ABC理論讓人恍然大悟。A（activating event）代表我們日常遇見的具體的人或事，比如難纏的上司、同事，辦公室的鉤心鬥角，生活中與配偶的衝突、家事、財務問題等。C（consequence）代表在A的情形下你的感覺和你的行為，如果你有一個重要的會議，但路上大塞車，這時你就會從平時的紳士變成「路怒族」，不斷爭道行駛，邊開邊罵。真的是塞車導致了你「路怒症」嗎？為什麼別人不這樣？原因是，在A和C之間，有一個B（Belief），就是我們對具體的人或事的思考、判斷。是B導致了C，而A只是誘因之一。

比如，孩子成績差，你感覺壓力很大，常對孩子發火。而鄰居家孩子比你家孩子成績還差，鄰居卻能心平氣和，為什麼呢？主要原因在於你們倆對孩子成績好壞這件事的看法不一樣：你可能會覺得孩子成績差，將來考不上好大學，考不上好大學就找不到好工作，找不到好工作成家就受影響，整個人生都將黯淡無光……而你的鄰居呢，他想得開，現在成績差又不意味著將來差，成績差不意味著能力差，找不到好工作還可以自己當老闆……現在你可以接受了吧，你生氣是不是自己的思維造成的？

可見，想要讓你的C（情緒和行為）不陷入反擊狀態（著急、生氣），唯有改變你的B（思考、思路）。很多人窮其一生，都在試圖透過改變A來改變C，孩子成績不好，就請老師來補課，直到補好為止。那要是補不好呢，這孩子還要不要？和另一半發生矛盾，就疑神疑鬼，經濟制裁、查看手機，這能讓他安心過日子嗎？另一半和孩子的問題還沒解決，老人家又生病住院了，剛把老人身體調理好了，自己又生病，你說這樣的人生慘不慘？其實，這不是誇張，這就是很多人一生的真實寫照。人生不如意事十之八九，如果總是試圖改變A，而不關注B，你的人生很可能會陷入一個又一個痛苦，永遠得不到解脫。

有的人明明知道，發再多的脾氣，孩子的成績也變不好，反而可能越來越糟，但為什麼就是忍不住要發脾氣呢？習慣使然。《次第花開》這本書中講過，當你能夠學會打破社會慣性時，你就不會把自己的不愉快歸因於他人，這樣才能找到問題的本質，而不是針對這個令你生氣的人和事。

孔夫子誇顏回「不遷怒，不貳過」，即顏回向來就事論事，不會遷怒於人，犯過一次錯誤就不會犯第二次。能做到這一點非常了不起，所以顏回被稱為「復聖」。也許你會說我們都是普通人，做不到顏回那個境界，但王陽明曾說過「人人都可以成為聖人」。其實，你只要做到從「心」

出發，凡事反思自己的思考方式，你離聖人就不遠了。

關於改變心態，我建議大家參閱《與成功有約》（*The 7 Habits of Highly Effective People*）裡談論主動積極的內容，一個積極的人是不會輕易被別人改變的。請再次銘記——你的苦惱並不是由他人引起的，我們要改變自己對他人和世界的看法才能解決問題，而不是責怪他人（見圖表16）。

## 建立先導性思維：關注你的真實目的

怎樣建立理性思維呢？在關鍵對話前，

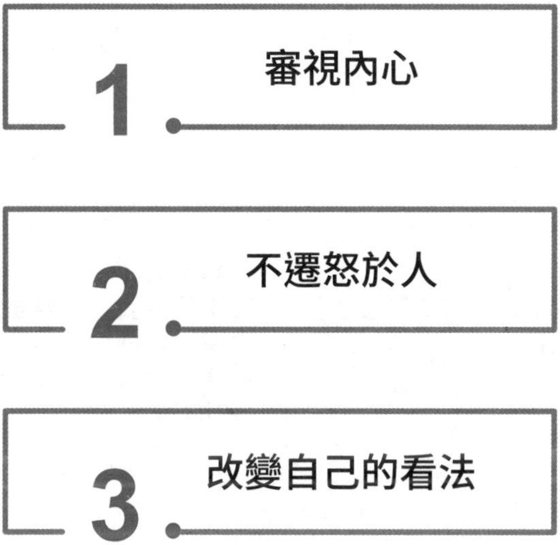


圖表 16　如何不被情緒左右？

你要學會問自己四個問題（見圖表17）：

1. 這次對話，我的目標是什麼？
2. 對話之後，我希望能為對方達成的目標是什麼？
3. 對話之後，我希望為我們兩人的關係達成什麼樣的目標？
4. 要達到以上目標，我該怎麼做？

這四個問題就是關鍵對話的先導性思維。問完這四個問題後，你會迅速回歸冷靜。

用一個案例來示範。如果你有一個讀高中的孩子，他很喜歡玩遊戲，成天玩。你發脾氣，沒收手機，好話歹話說盡了，就是不管用，怎麼辦？跟他來一場關鍵對話。

我的目標——說明他減少遊戲時間，更專注於學

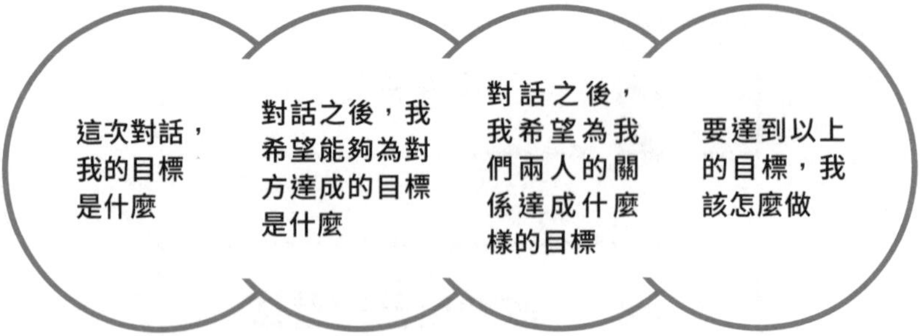
這次對話，我的目標是什麼
對話之後，我希望能夠為對方達成的目標是什麼
對話之後，我希望為我們兩人的關係達成什麼樣的目標
要達到以上的目標，我該怎麼做

圖表 17　建立理性思維的四問題

習；我希望為孩子達成的目標——除了專注於學習，還要讓他感受到我是愛他的，是替他著想的，並為他找到一個平衡玩遊戲和學習的辦法；為我們兩人之間的關係達成的目標——我們的關係會變得更融洽，讓他感受到我對他無條件的愛。當你問完前述三個問題時，你可能就已經找到很多辦法了。該怎麼做呢？比如，你應該先表達關心、表達理解，告訴他「爸爸小時候也很喜歡玩遊戲」、「媽媽小時候也迷戀過一個明星」、「我們理解你，在你這個年齡迷戀玩遊戲是很正常的」。當你說這些話的時候，你的心情不會太差，孩子沒有被指責，他也不會太叛逆。那麼，你可以接著說：「為什麼我們要和你談呢？不是因為我們想要控制你，而是希望你在高中的關鍵時刻過得更有意義。你有沒有兩全其美的辦法？想不想聽聽爸媽的建議？如果談妥了，我們能不能一起訂個規則，把它寫下來，然後一起執行？」

當我們完成了關鍵對話的先導性思維之後，你要時刻牢記對話想要達到的目標，不是發洩情緒，而是解決問題。有的人對話時，談著談著突然發飆，把門一摔，氣呼呼地走人。可能是對方一個不經意的動作、一個不經意的語氣，讓他感覺自己被冒犯了，被蔑視了。他受不了了，小我就開始反擊，至於談話的目的和意義，早忘得一乾二淨。

很多黑幫電影，比如香港導演杜琪峰拍的那種，兩個幫派要打架，亮刀拔槍，千鈞一髮之際，一定會出現一個和事佬。這個人跟兩家都有交情，他會跟兩邊說：「消消氣，消消氣……和氣生財！」此話一出，雙方大哥的暴力指數立刻下降。因為「和氣生財」擊中了他們，這是他們的目標。而打架是背道而馳的，會傷人，甚至死人，肯定要賠醫療費、撫恤費，搞不好還會惹上官司甚至坐牢，勞民傷財，於人於己都不利。當我們強調對話目的時，你的情緒就不容易失控，就連黑幫這種暴力分子要跟人火拼時，也一樣會被目標說服。

美國黑幫電影《教父》（*The Godfather*）的主角維托・柯里昂（Vito Corleone）摸著貓跟他的兒子說：「永遠不要被你的對手激怒！」因為你一旦被人激怒，智商立刻歸零。他那位剽悍的長子桑尼（Sonny）就是被激怒後中了埋伏，被人打得千瘡百孔。而他的次子麥克（Michael）則冷靜構思了一系列縝密的復仇計畫，終於成功變為第二任教父。

喜歡體育比賽的朋友們也一定不陌生，很多球員和教練都喜歡採用一些小伎倆來激怒對手。比如，當年NBA芝加哥公牛隊的羅德曼（Dennis Rodman）就經常使用一些「陰招」激怒猶他爵士隊的馬龍（Karl Malone）；被譽為「禪師」的菲爾・傑克森（Phil Jackson）也經常在重要比賽中大肆批評裁判和對方球隊的主帥和明星，雖然大家都知道這是他的心理戰，但這招還是屢試不爽。

我們在生活中當然不會經常跟人發生這種「和氣生財」的談判，但類似重要的談判也不少。比如，你想跟老闆談加薪，就要提醒自己「我今天走進這間屋子，是為了讓老闆給我加薪，而不是為了出一口氣」；你想跟沉迷遊戲的孩子談話，要想到「我今天跟孩子談話，是為了幫助他戒掉遊戲癮，而不是為了逼他離家出走」；你想修復夫妻關係，要告訴自己「我跟老公談話，是為了讓他感受到我的愛和家的溫暖，而不是為了跟他吵架」。當你能夠時刻提醒自己對話的意義時，你的情緒就不容易失控了。

## 掌控情緒：關注談話的氛圍

我很推崇「雙核人」這個概念，就如同手機一樣，一個核心負責處理遊戲，另一個核心負責通話。我們的腦袋中也需要有兩個核心，一個核心負責處理談話的內容，另一個核心負責處理談話的情緒。哪個核更重要、更優先呢？當然是後者！當你發現對方情緒不對，氣氛變得緊張時，你應該立刻將內容核心暫停，加大情緒核心的運轉功率，等談話的氛圍變得輕鬆後再啟動內容核心。

香港電影《大話西遊》裡唐僧的嘮嘮叨叨讓小妖上吊自盡，生活中我們遇到的「叨叨神人」多是老媽。小時候，只要一坐在電視前，老媽就開始碎念：「怎麼不去寫作業！寫完了？那再做練習題，練習題放在學校了？那再去背單字吧，不想背？那怎麼行！這電視有什麼好看的！聽話，媽媽一會兒告訴你結果。」你回房後會不會想把書給撕了？

為什麼單身大齡青年那麼怕回家？老爸的冷臉就算了，關鍵是老媽那無敵的「碎念」讓人生畏：「我今天看見妳小學同學小麗啦，就小時候常綁兩個小辮子、有酒窩的那個，那陣子常來我們家，去年剛結婚，妳都忘了嗎？哎，今天人家抱了一個胖小子來看她媽啦，模樣真可愛，我還抱著親了臉呢。哎，哎，妳別不愛聽，說妳呢，我和妳爸都多大歲數了，我們就等著抱孫子呢！妳說小時候多爭氣，多聽話啊……我跟妳說，我這兒有兩個小夥子的聯繫方式，妳一會兒就主動給人家打個電話，約見面？」這種談話幾乎只有負面效果，但為什麼那些愛嘮叨的媽媽就是停不下來呢？因為她只有一個內容核心，完全沒注意或不管談話的氛圍是否已經弄僵了。

當然還有一個正面的例子，電影《中國合夥人》中，成冬青（黃曉明飾）、王陽（佟大為飾）、孟曉駿（鄧超飾）三個合夥人飛到美國與考試機構談判，談判的上半場異常艱難，美國人的立場強硬，揪著侵權不放。眼看談判就要陷入僵局，王陽馬上建議：「我們先別談了。」然後三人找了個小飯館吃飯。這是一個屢試不爽的高招，當氛圍不好時就停下來吃飯。正好快到中秋節，他們買了一盒月餅回到會議室，開玩笑說：「待會兒要是打起來了，我還可以拿它砸你。」美國人一聽就樂了：「我就喜歡你的幽默。」氣氛一下就緩和下來，接下來他們按照新的方法繼續對話，談判非常順利。

很多人在談話時非常執著，不把自己想說的話一股腦倒出來根本停不下來。不管對方的臉色變了又變，手腕抬了又抬（看手錶），也不管對方黑著臉說：「我知道，我理解你。」他仍然自顧自地說：「你不明白，你不理解！」非得說到對面沒人了才憤憤不平地收場，這又何苦呢？所以，我們應該學會舒緩對話情緒的方法。（見圖表 18）

## 道歉

道歉，是緩解情緒最有效的方法，比如：「我剛剛說的話可能有點過頭了，對不起。」「我剛才說得不合適，非常抱歉。」「有的地方我可能掌握得不夠準確，請你指出來。」人們最怕跟一個永遠不會錯的人對話，對話越深入，好像自己錯得越離譜。

圖表 18　緩和溝通氣氛的四方法

## 對比說明

對比說明，就是透過對比來闡釋你的真正目的和容易被誤解的目的，比如，夫妻之間：「我今天和你談的目的是希望能夠解決孩子的成績問題，不是責怪你。」「我希望能夠改善我們的關係，我不希望讓你覺得我總是在埋怨你。」與孩子的談話：「爸爸今天和你談話是希望你能在學業上有所進步，而不是想要給你施加壓力。」與老闆的談話：「我今天來找您，是想找到一個讓我發揮更大能力的空間，而不是來跟您提條件的。」當你能夠做對比說明時，氣氛就會很容易緩和下來。

## 創造共同目的

黑幫火拼時的那句「和氣生財」，就是共同目的。夫妻雙方情緒不佳時會說：「親愛的，你看，我們不是都希望這個家變得更好嗎？」股東爭執時會說：「我們都希望公司能夠有一個更好的發展。」**當你能夠找到一個共同目的，並且反覆強調時，對方就能覺察到對話情緒的安全。**

## 保持尊重

尊重就如同空氣，有的時候你可能沒有感覺，一旦它不在了，你立刻就能感覺到。保持尊重是人一生的修養，有些人你能從心底感受到他的禮貌、修養和誠意；有些人雖然彬彬有禮，但他的倨傲冷漠讓你只要跟他相處都覺得難受。

這四個方法如果你能習之、用之，久而久之，你就會成為掌控情緒的高手。

我很喜歡給為人父母的朋友舉這個例子。有一位忙碌的爸爸終於要進行一次艱難的談話了，他的女兒跟一群吸毒的人混在一起，這位爸爸非常擔心。但談話剛一開始，女兒就爆發了，她大聲哭訴道：「你們從來都不關心我，你現在和我談，不就是因為你怕我讓你丟臉嗎？你用不著管我，我也不用你管！」其實，這樣說對爸爸很不公平，試問哪個爸爸不關心自己的孩子？如果這個爸爸追求的是公平感，他就會被激怒。脾氣差的人要麼直接賞一個巴掌，要麼一拍桌子：「好，妳說不用我管，那我就再也不管妳了！」砰！摔門走人。這樣能解決問題嗎？這是你想要達到的目的嗎？事實上，這樣做的結果是：女兒會更加傷心，更驗證了爸爸根本不愛她。如果爸爸覺得做父親失敗透頂，以抽菸喝酒去逃避，任由這個問題發展，這個家庭可能會走向崩潰。

我有一個觀點，**在對話的過程中，只有弱者才會追求公平**，只有小孩和心智不成熟的人才會大聲地喊：「這不公平！」因為小孩對抗不了大人，他只能訴求公平。而一個強者在對話的過程中，應把追求公平放在次要的位置。你得想怎樣才能更妥善解決這個問題，怎樣能夠讓我們雙方實現雙贏，而不是你惹怒了我，我必須找回公平。

最終這個爸爸怎麼做呢？他首先去反映對方的情感：「爸爸知道妳心裡真的不好受。我之前對你的關心真的有些少，我的工作需要我常出差，我向妳道歉。我今天專門騰出時間來，不安排任何工作，妳願意和爸爸談談嗎？」這句話說完後，女兒的對抗情緒立刻開始轉向。歉意和誠意保證了談話的情緒，這才是一個強大的爸爸，一個真正愛女兒勝過愛自己的好爸爸。所以，學會掌控對話情緒是一件非常重要的事。女兒聽完，「哇」一聲哭了，她哽咽著告訴爸爸，她交那群朋友都是因為家庭缺乏溫暖。她其實很害怕她們吸毒的樣子，她很害怕自己變得跟那群朋友一樣，她多麼想讓爸媽知道她內心的真實想法。爸爸擁抱著女兒，表示對她的理解和信心，相信女兒不會吸毒。他們一起制訂了一個遠離那群朋友的計畫。這次談話成功幫助他的女兒躲過了毒品的誘惑，也讓家庭免於破碎。一個掌控談話情緒的技巧只需要你稍微低低頭，而這個收穫是無價的。

生活中，我們常會碰到一些人，脾氣火爆，還自認為是有血淚的性情中人。自己想要談成一件事，結果沒等別人發火，他先爆發了，責任自然都在別人頭上。如果你是這樣的人，奉勸你想想這個案例，忍一下，退一步，一點也不丟人。當你怒上心頭時，冷靜一下，暫停！停五分鐘就好，停下來問問自己談話的目的是什麼。

## 開始對話

我們做好了準備工作：從「心」開始，審視自己的內心；問自己四個問題，調整好自己的心態；掌握談話氛圍，讓對方感到安全。這樣就可以開始對話了。

### 第一步：分享事實經過

談話過程中，最不容易激怒對方的就是事實。如果你先詳盡描述一個事實，把事實說清楚，那麼對方就更容易接受你的觀點。比如，你的一個下屬讓你非常生氣，如果你先說：「我認為你從來都不重視我說的話！」這是一個觀點、一個評論，他可能會生氣，下意識就會辯解：「我哪有，不是你讓我做啥我就做啥嗎！」他一旦生氣，開始跟你辯論，談話就很難繼續了。如果你這樣說：「上週我給你發了四封郵件，你都沒有回我。」這是事實。你一旦這樣說，他可能立馬就會低頭，談話自然水到渠成。也許你會問：「那我先說觀點，然後擺事實給他迎頭一棒行不行？」這樣不好。因為你已經把他憤怒的小火苗點燃了，他只會跟你辯解：「我以為你是群發的。」、「我當時忙。」、「我覺得沒什麼好回的，做了不就行了！」

很多人特別害怕與老闆談加薪，會擔心老闆以各種理由拒絕你，擔心給老闆留個「眼裡只有錢」的壞印象。你不妨試試這個方法，先談事實：「王總，我進入公司已經三年三個月了，現在的薪水還只是一個轉正大學生的水準。我去年的業績考評是公司裡的前二〇%。」當你用數字描述了這個事實後，相信老闆會對你的請求有一個理性的認識，而不是無名火。

## 第二步：說出你的想法

表達自己的想法需要一定的技巧。當你從事實過渡到個人想法時，對方還是可能有抵觸情緒，畢竟你與對方討論的是不愉快的話題和看法。這時候需要勇氣和自信，留意對話安全感是否被破壞。你可以使用對比說明法，把你的想法說出來。繼續加薪的談話，你可以這樣說：「我今天找您，的確是希望得到加薪。我希望能夠為公司做出更大的貢獻，加薪能讓我感到公平，也更有動力。我不希望讓您感覺到我只是為錢工作。」這麼一說，合情合理，同時打消了老闆「為錢工作」的看法。

## 第三步：徵詢對方的觀點

關鍵對話的核心在於在自信和謙遜之間找到一種平衡，前兩步要表現出足夠的自信，而在徵詢對方的觀點時要表現出足夠的謙遜，要表現出真誠而非做作的謙遜。繼續加薪的談話：「我想知道您對我的工作是怎麼看的，我也特別想知道您對我還有哪些方面的意見和建議。」這樣自然就把問題引到了對方身上。

當你徵詢對方的觀點時，你就把難題推給了對方，對方可能就會進入「沉默」或「暴力」的狀態，就是「戰」或「逃」的選擇，不知道該怎麼處理了。這時候我們前面所學的知識就派上用場了，我們要用那些恢復情緒、恢復氛圍的方法來與對方溝通。如果他與你的觀點相差很大，甚至在你看來是錯的，你沒辦法認同他，這時你就可以運用「找到共同點」。你可以說：「我們都希望公司是一個講求奉獻的地方，這一點我完全同意。我們都希望公司能夠節省成本，這一點我也完全認可。而且您也說了一個人不應該只為錢而工作，這一點我是絕對認同的。」這下找到共同點，就把對話拉回到安全的氛圍中，而且容易拉近雙方的距離。千萬不要說「觀點不同那我們就不談了」，這種霸道的方式很容易引起對方的反感和反擊。

接下來，要找到對方的盲點進行補充，所謂盲點就是對方沒有看到的方面。你的老闆可能壓根不了解你的薪資狀況，你要接著說：「我要補充一點的是，我在進入公司時，薪資是人民幣三千兩百元，入職三年的業績考評都是優等，跟我同時進入公司的小張已經漲到快五千元了。我不明白為什麼我考評優等，但薪資始終沒有調整。」然後對不同意的地方做對比說明：「您的意見是希望我以這個薪水繼續工作，這樣的話的確會讓我感到不公平。坦白說，這會影響我的工作積極性，我可能會選擇別的工作。這對我們雙方可能都是一種損失，因為我對公司很有感情，也很想做出更大的貢獻。」

當談話陷入僵局時，有時候必須創造預設，可以參看《第3選擇》（*The 3rd Alternative*）。比如，你可以提出：「如果您實在不願意在當前的情況下幫我加薪，我建議您可以在幫我加薪的同時再委派其他的工作，我願意為公司多做一些工作，我自己也能進步。這樣安排既能給公司多創造價值，也能讓我的生活得到改善，您覺得怎麼樣？」如果話都說到這個地步，你的老闆還沒有表態，或者沒有把你調到更重要的客戶經理、銷售經理的職位上，那就真不值得你再費口舌了。

## 結語

如果你從來沒有遇到過「關鍵對話」，有兩種可能：一種是你根本不在乎談話的結果，談成什麼樣都能接受，無所謂，人生就這樣，心理學上稱之為「習得無助感」；另一種是人生實在沒有什麼挑戰，沒有人在乎你，所以不需要面對關鍵對話。但如果你不想要這樣的人生，那麼再回想一下你生命中的那些關鍵對話，如果採用了前述的方法，結果是否會完全不同？學以致用，嘗試發現工作和生活中的關鍵時刻，設計一場關鍵對話，將這些方法融入你的行為，久而久之，它會成為你的行為習慣，你也會成為一個溝通高手。

# 08 — 走向雙贏的談判策略

有一種方法能夠解決我們所面臨的最棘手甚至看似無法解決的問題，它既不是你的方法，也不是我的方法，它是一種更先進的方法，我稱之為「第3選擇」。

——史蒂芬・柯維

推薦閱讀：《第3選擇》

## 引言

我們在生活中總會遇到棘手的問題、意見衝突、談判陷入僵局的情況。我們既不想「聽別人的」，也無法讓對方「聽自己的」。於是我們失望，決定放棄，或者勉強妥協，接受一些最終讓自己難受的方案。其實，生活中不總是非此即彼，還存在「第3選擇」，而每個人都有第3選擇的能力。我推薦大家閱讀《第3選擇》，作者是大名鼎鼎的史蒂芬．柯維，他的《與成功有約》享譽全球，影響了無數人。

柯維被譽為美國的「思想巨匠」，被《時代》（*TIME*）雜誌評為「人類潛能的導師」，《經濟學人》（*The Economist*）雜誌推舉他為「最具前瞻性的管理思想家」。他的思想成就與卡內基、杜拉克、威爾許並肩比齊。他是全世界備受推崇的領導工作權威、家庭問題專家、教師、企業組織顧問，在領導管理理論、家庭與人際關係、個人管理等領域久負盛名。《財富》雜誌一百強中九〇%的企業和五百強中七五%的企業都受過他指導。柯維有九個子女、五十多個孫輩，在二〇〇三年還被授予「最佳父親獎」，足見他是一位將事業與家庭兼顧的人士，而這也是我的願望。

柯維深受孔子影響，他在作品中常常引用《論語》。孔子說：「君子求諸己，小人求諸人。」就是努力做「影響圈」的事，而不在「關注圈」罵人。所以《第3選擇》可以看作他「吾道一以貫之」的集大成之作。

這是柯維生前寫的最後一本書，根據他永遠「活在高潮」的理念，這本書也可被視為他最好的一本。本書源自七個習慣中的「統合綜效」原則。按柯維的話說，在《與成功有約》中，限於篇幅，他只能泛泛而談，在這本書中終於可以開懷暢談了：你可以看到，一位父親一夜之間挽救了自己抑鬱多年的女兒；一位警察局局長將加拿大首都的青少年犯罪率減半；一對夫妻曾經無話可說，而今笑對過往的艱辛；一個團隊將紐約時代廣場從藏汙納垢的場所打造為北美頂級的觀光勝地。

它的方法可以幫你解決工作問題、婚姻問題、子女教育問題、個人財務問題，甚至幫助你免受官司困擾，按柯維的話說，它是用來解決一切問題的。

## 第3選擇：一條雙贏之路

在競爭中，第1選擇是我打敗你，第2選擇是你打敗我，第3選擇就是要找到一個解決方案，對雙方都有好處，雙贏！有人說這怎麼可能，錢在這兒，要麼是你的，要麼是我的，要撕成兩半誰都花不了。

我在西安講這堂課的時候，舉了個例子：兩個人，但只有一顆蘋果。第1選擇是我吃，第2選擇是你吃，怎麼做第3選擇？有人說：「切開一人一半。」這還不夠好，本來兩人都抱著吃一整顆蘋果的想法去的。也有人說：「我們拿這顆蘋果賺點錢，比如做成平安果，雕刻一下，然後賣了分錢。」這個主意不錯。但我最欣賞的是一位小女生的答案：「把蘋果籽種到地裡，長出蘋果樹來，一人就可以得到半棵樹的蘋果。」這是一個多麼好的第3選擇。可見**第3選擇絕不是讓你妥協一下、忍讓一下，其核心是創造**。

網路戰場一直都是分久必合的，滴滴與快的、百合與世紀佳緣、優酷與土豆、58同城與趕集網，原來同一個市場打得不可開交的兩大高手，發現再打下去雙方都要「掛」了，乾脆合併。合併的意義遠不止於停止惡性競爭，還在於將原來競爭的能量用於為客戶提供更多價值、創造更大塊的蛋糕。

**第3選擇的另一個意義在於雙贏**。《關鍵對話》一書介紹了原始人本能反應中「戰或逃」的模式，戰或逃、反抗或忍受、成功或失敗、支持或反對、你贏或我贏，這都是兩種選擇。第3選擇則意味著我們雙贏，一起達成一個更好的結局。

有一位媽媽因為女兒的學校突然取消音樂課，非常生氣，於是跑去學校質問。一位老師告訴她，政府要求學校增加閱讀和數學的學習時間，所以就拿音樂課開刀了。一般情況下，如果老師這麼說，家長也就只能抱怨政府：「政府真是管得寬，怎麼不少收點稅呢！」但這位媽媽就不一般，她說：「我們肯定能找到同時學習音樂和基礎課的辦法。」那位老師也被激發了：「對呀，音樂裡不就包含著數學思維嗎？」於是，愛好音樂的家長和一位願意研究的老師合作開發出一系列透過音樂來講授數學的課程。這就是第3選擇。

## 構建「第3選擇」的思維模式

東西方思維差異很大。雖然我喜歡國學，特別是儒學，但我還是喜歡講老外的課。國學大都高深奧妙、語言優美，需要反覆體悟，然後心有所得，非常難講。即使你聽懂了，也很難照樣去做，它沒有方法的部分，不會告訴你按照一個路徑去實現。而外國人的書則不然，他們推崇的是分析思維。把大象關進冰箱需要幾步，這在中國是個笑話，但外國人則不這麼想：第一步，打開冰箱門；第二步，把大象趕進去；第三步，把冰箱門關上。他們不會覺得這有什麼好笑的。大名鼎鼎的六標準差（Six Sigma）的基本邏輯就是：第一步，發現問題；第二步，解決問題；第三步，評估。所以外國人做任何事，都一定是第一步、第二步、第三步……如果第二步特別複雜，再把第二步分成2.1、2.2、2.3……這樣的好處顯而易見：標準化、可複製。那些大型的外商公司從來不怕人才流失，它們可以不依賴任何能幹的人，換一個普通人，經過系統培訓後都可以勝任相關工作，這的確是值得我們學習的地方。

**第3選擇的核心是創造、雙贏**。按理說，這種創新思維的事情只可意會，不可言傳，但柯維簡化了這樣一件複雜的事（見圖表18）。

## 思維模式之一：我看到自己

我看到自己，在這裡的意思是「看到我自己的內心」。用禪宗的話來說，就是：「主人翁何在？」現在掌控你的是你自己，還是你的情緒？很多人完全被情緒牽著鼻子走，別人只要踩到他的地雷，他就要報復：「你看什麼，再看揍你！」「我看到自己」要求你做到有自己獨立的思考、判斷和行動。這聽起

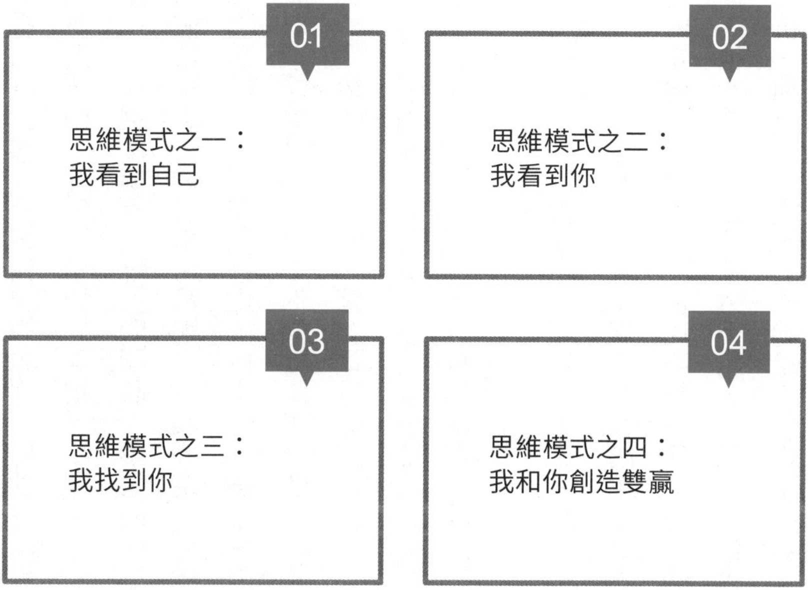


圖表 18　緩和溝通氣氛的四方法

來似乎很容易，要做到卻很難。很多人常常只看到自己的身分和代表的派別，特別容易被煽動，今天抵制這個，明天抗議那個，甚至沒有想過要去仔細了解一下事情的真相。

我們都知道法國大文豪雨果（Victor Hugo），在英法聯軍火燒圓明園時，雨果的一個朋友在聯軍效力。這傢伙搶了很多東西，就給雨果寫信炫耀：「你沒來可虧大了，我們這次可發啦，好多好東西，遍地黃金啊，很多東西拿不回來我們都扔了，回頭我送你兩件！」你猜雨果怎麼說？他回覆：「我為你們感到羞恥，這是法蘭西歷史上最黑暗的一夜，你們欺辱了一個偉大的民族！如果可以的話，我希望你們立刻把東西放回去，然後向人家道歉，因為這是強盜行徑！」這就叫獨立人格、獨立判斷，他沒有因為自己是一個法國人，就盲目以愛國的名義袒護國家的強盜行為。現實生活裡，有多少人因為我們是兄弟、朋友、老鄉、同學、同事而放棄了原則，看到的只是這樣一個渺小的標籤。

所以，「我看到自己」最重要的是提醒自己一件事：**無論何時、何地，身處何種狀況，你作為一個人，永遠都擁有選擇的權利**。有人常說「我是被逼的」，《甄嬛傳》裡的華妃就經常說：「不是我要傷害你，是你這個賤人太矯情。」要知道，世界上有一種病叫無良症，患此病的人做任何壞事，都不認為是自己的錯。他傷害了別人也無所謂，甚至還會委屈，而我們正常人會覺得內疚。有個傢伙騷擾他的女員工，那個女孩反抗，他竟然把人家的胳膊給弄骨折了。員警審訊他時，他竟然說：「她幹麼要反抗？不反抗不就沒事了嗎？」這就是典型的無良小人。當年柏林牆倒塌，東德有士兵開槍打死了不少翻牆的東德人。後來，法官審判他們時，問他們為什麼開槍。他們說「那是上司的命令」，法官說了一句經典的話：**「命令你開槍，但你有可以選擇將槍口抬高一公分的權利。」**

為什麼有的人無法達成第3選擇呢？如果他總想著「我要是不贏就丟人了」、「今天非整他不可」，他壓根兒就不會想創造第3選擇。他是覺得自己被傷害了，還是太過在乎別人的看法？所以，要想擁有獨立選擇的權利，就需要向前一步，擁有一個獨立完整的自尊體系。對於高自尊的人來說，尊嚴感來自內心。你知道自己是個好人，知道自己幾斤幾兩，知道自己該做什麼，就算他瞧不起你，也絲毫影響不到你。那種看一眼就打架的，他的自尊體系很低，外強中乾，貌似強大，實則懦弱。因為只有懦弱的人才會追求公平、追求面子、追求報復，他得尋找心理平衡。

找到自己很難。你需要經常提醒自己，此刻的選擇是我自己做出的，還是我的情緒、面子、身分標籤做出的？你有了強大的獨立自尊體系後，就很難被別人激怒了。家長對孩子尤其要保持平和，孩子成人之前，大腦發育並不成熟，他們還不能好好控制自己的情緒。所以，當孩子激怒你的時候，不要想著追求公平，也不要總想著展現家長的權威，讓孩子贏一把又有何妨？你事後與他心平氣和地分析問題，找到解決辦法，不是更好嗎？

## 思維模式之二：我看到你

這個思維模式很簡單，就是把人視為人，而非東西。這聽起來有點像罵人，但有時候我們在與他人打交道之前，習慣給對方貼標籤：那是個富二代、那是個花花公子、那人很粗魯、那人是個奸商、那人很官僚……很多時候你與他人有矛盾，是因為你根本不願意面對他解決問題，你覺得在那個標籤之下，沒什麼好談的。當懷有偏見和執念時，你永遠不會想和他去探索第3選擇。

有一部反戰題材的電影《荒漠求生》（*Into The White*）：英、德兩個敵對國的兩架飛機在互相擊中對方後，同時墜毀於挪威的荒野，飛行員們跳傘成功後，發現這地方只有一間屋子。屋外大雪紛飛，敵對國的飛行員們都擠在一起，鬥得你死我活的一群人從最開始充滿敵意、警惕，到後來在對彼此的需要中，竟然成了生死之交。人性是共通的，即便這個人有無良症，也可能在學習佛法之後，放下屠刀、立地成佛。

當我們不再簡單地給對方貼上標籤，不再敵視對方時，我們才願意並且能夠找到解決問題的辦法。

## 思維模式之三：我找到你

你想要和對方協商，可對方想的卻是打敗你，或者他充滿戒心，渾身是刺，這時還怎麼進行第3選擇？答案就是「我找到你」，讓對方緩和情緒，變成一個正常的人。

當你與別人見解不同時，最好的方法是邀請別人與你溝通。「我找到你」需要極強的傾聽能力，在雙方情緒激動時，需要學會同理傾聽，而不是急於反駁和爭辯。

**讓一個人情緒水準降低最好的方法，就是說出他的心事。**當小孩哇哇大哭時，如果父母說：「別哭了，哭什麼哭，至於嗎？這麼點小事！」或「想哭你就哭吧，哭夠了你就不哭了。」這樣效果好嗎？他肯定哭得更厲害，前者讓他感覺委屈，後者讓他覺得你一點都不關心他，正確的方法是：「我知道你很難過。」你這麼一說，他立刻就點頭了，他的情緒就會緩和，也就不再哭鬧了。小孩如此，大人也是一樣的。

**「我找到你」這一步異常重要，它能幫助你控制對方的情緒，減少對方的防衛心理，幫助對方緩和情緒。**

## 思維模式之四：我和你雙贏

「我和你雙贏」是指，你需要邀請對方參與其中，找到一個有效的解決方案，而不是陷入相互攻擊的循環。

腦力激盪是這一步經常使用的方法。一說到腦力激盪，大家馬上想到的是思想碰撞、敞開來提意見，這很好。但腦力激盪**最重要的原則卻經常被人忽略，請記住是「不批評、不評論」**。有老闆說：「腦力激盪沒什麼用啊，只出了幾個主意，還都是我想得到的。」這是因為剛有人提了一個主意，老闆就評論「你認真點」，此話一出，大家都認真了，不說了。

我有一次給銀行的客戶培訓領導力，做了一次腦力激盪的示範，主題是如何提升銀行營業據點客戶的滿意度。大家寫了很多主意，有一個支行行長提了一個——讓不滿意的客戶別來，實在是昏招！大行長一聽，臉一下就變了，眼看就要發飆，我趕緊搶著說：「不錯，非常好，還有嗎？」這樣堵住他的嘴，然後繼續，因為連這個聽起來三觀不正的觀點都能容忍，所以更多主意就出來了。最後讓大家解釋他們每人的提議，輪到出昏招的那位支行行長時，他說：「我們行的客戶滿意度低，是因為成天有不少人在排隊繳交電話費、水電費、瓦斯費，這些業務根本不賺錢。我們銀行的最初定位是高級銀行，我們的主要業務是服務高級客戶，所以我建議我們加開

VIP櫃檯，這樣一部分繳交水電費的人就會自動去隔壁銀行了。」大行長一聽很滿意，表態支持。很多建議一開始聽起來匪夷所思，但可能正是個好主意。組織者一定要秉承「不批評」的原則，這樣腦力激盪才能孕育出好點子。

## 創造雙贏的步驟

當你擁有「第3選擇」的思維模式後，接下來就該「將大象關到冰箱裡」了。

創造雙贏有四個步驟：**詢問**、**定義**、**創造**、**達成**（見圖表20）。

### 第一步：詢問

詢問對方是否願意一同尋找一個更好的解決方案，這是一個革命性的問題，可以讓對方減少防禦，與你一同探索、實驗。比如，夫妻常吵架，今天又要開始吵架了，這時你就應該說：「你願意尋找一種更好的解決方案，讓我們變得更和諧嗎？」除非對方是故意的，否則他怎麼可能說「不」。

## 第二步：定義

雙方討論什麼叫「更好」。丈夫說：「我認為，更好就是你最起碼不能看我的手機。」妻子說：「我認為，更好是你不能和別的女人隨便來往。」分別說出對各自更好的條件，定義就很清楚了。而如果定義不好，兩個人進行腦力激盪的方向就會不一樣。

## 第三步：創造

利用腦力激盪，雙方共同努力去探索和創造一個可以達成定義條件的第3選擇。比如：「當我們想吵架時，任何一人出示我們的結婚戒指，我們就閉嘴五分鐘。」這是一個很好的方案，當你冷靜五分鐘後，想想吵架的原因，你會覺得這太不值得了，好幼稚啊。

## 第四步：達成

描述你們達成的第3選擇，激勵士氣，並制定付諸實踐的方案。一對習慣吵架的夫婦剛開始可能無法做到「看戒止口」，那麼可以附帶一些措施，比如誰違反規定誰就做一個禮拜的家事，或者洗一個月的碗。

1

詢問：
讓對方減少防禦，
與你一起探索、實驗

2

定義：
雙方討論什麼叫「更好」

3

創造：
雙方共同努力去探索和創造一個
可以達成定義條件的第 3 選擇

4

達成：
描述達成的第 3 選擇，
制定將其付諸實踐的方案

圖表 20　創造雙贏的四步驟

# 無處不在的「第3選擇」

我們講了一堆第3選擇的方法和思路，但遠不如案例來得直觀。以下選幾則案例以饗讀者。

## 職場中的第3選擇：員工加薪

一位女上司正在辦公室辦公，突然衝進來一位年輕的男員工，大聲衝她嚷道：「妳得給我加薪，不加的話我就走人，我實在受不了這種窮日子了！」這時該怎麼辦呢？按照原始的選擇，要麼「戰」——拒絕，要麼「逃」——同意，但這兩個方案都不是合理的選擇。

這位員工怒氣沖沖跑來，他的情緒肯定非常激昂，就是鼓足了勇氣跑來跟你對著幹的。怎麼樣才能讓對方情緒緩和？就是「我看到你」。女上司說：「我知道你現在生活壓力很大，我也很高興你能向我敞開心扉談這件事。我知道你是鼓足了勇氣才走進這間辦公室的。」這些話都是在反映對方的情感，當話語撫慰到對方的脆弱之處時，他的心立刻就柔軟起來。女上司接下來鼓勵對方多談談自己的家庭情況、工作情況，談談如何推動客戶開發，說明員工對他的客戶進行深入的分析，最後決定給這位員工委派更多客戶，並在責任對等的情況下為他加薪。

這是一個非常圓滿的第3選擇：員工感受到領導對自己的尊重，看到了工作的希望，並且最終也提高了收入；上司妥善解決了問題，避免員工流失；公司也並未因給員工加薪而受到損失，因為這位員工將會帶來更多客戶。這個問題的解決來自領導的第3選擇思維：她把員工當作普通人，而不是對手；她願意傾聽，員工才願意雙贏；雙方經過良好的溝通找到了一個最佳的解決方案。

做老闆的不要害怕員工跑來要求加薪，而應最害怕員工說：「我無所謂。」、「我月薪兩千五很好，打打雜我就很高興，你讓我多幹活我還不幹了，我們家有錢，我可不在乎錢。」當他是這種態度時，你就很難激勵他；而當他來和你談薪水時，你就找到激勵的源頭了。

很多老闆一聽員工提要求就忍不住發火，控制憤怒是一件非常難的事。我很少發怒，但有一次在搭乘火車出差時，我被人激怒了。車站安檢時，我手裡拿了一瓶水，負責檢查的小女生讓我喝一口。喝就喝嘛，我動作比較慢，正準備拿過來喝，小女生已經很不耐煩地伸手敲我的水瓶：「喝這個，喝這個！」那口氣好像把我當傻子一樣。我當時一下就怒了，嚴厲地瞪了她一眼，她有點嚇到，以為我要發飆。我想想算了，喝了一口就走了。

當我走上手扶梯時，突然意識到「我剛才是怎麼了」，這是我的驕傲在作祟，也是人們平常發怒的原因，叫「我執增強」，覺得自己不應該被這樣對待。那一刻，我突然意識到自己的修煉好差，我竟然覺得自己與眾不同。意念閃爍間，我搭乘的手扶梯已經緩緩上升，我回望那個女孩，希望把慈悲的心情回給她。其實，她多不容易啊，她之所以那麼不耐煩地敲我的瓶子，肯定就是被簡單重複的工作所逼。

生活中的痛苦大都來自你認為自己不應該承受的痛苦，這是《正念的奇蹟》的核心觀點。很多人在別人面臨痛苦時，能好言規勸：「不要緊，走過去了前面就是一片天。」但輪到自己，那片天就塌了。為什麼一個小小的痛苦到了自己身上就不行了呢？因為你覺得自己和別人不一樣，當你的自我開始膨脹時，痛苦就隨之而來。

## 校園中的第3選擇：治理一所混亂的學校

美國華盛頓特區的一所貧民區學校格蘭傑中學（Granger High School）迎來了新校長理查・埃斯帕札（Richard Esparza），他下決心要治理好這所混亂的學校。他的第一步是清除校園牆上的塗鴉，畫了就清理，堅持了兩年，那些塗鴉的人終於鬥不過校長的堅持。校園恢復了清潔，校園秩序就大為好轉。

為什麼第一步先要拿塗鴉開刀呢？這與著名的紐約市長彭博（Michael Bloomberg）所做的異曲同工。市長上任後做的第一件事就是把紐約地鐵裡的塗鴉全部塗成白色，藝術家怎能容許啊！你塗成白色了，我就繼續噴。市長堅持噴了就塗，結果幾個來回後，那些藝術家終於放棄了。從此，紐約的犯罪率大幅下降，其間有什麼玄機呢？

這個原理在社會學中叫作「破窗效應」。當很多車停在一起，要是有一個車的窗子破了，那些車很快就完蛋了；一條街上，要是有一家的窗戶爛了沒人管，這條街上的治安就會開始變壞；如果一個地方的環境變得混亂不堪，此處就會成為犯罪分子的溫床和巢穴。

任何一個學校的成功都離不開家長的支持。格蘭傑中學的家長會只有一〇%的家長出席，校長於是要求老師家訪。這是一個大難題，美國黑人貧民窟槍支氾濫，經常會有槍擊事件發生，特別是那些十二三歲的小孩，胡亂開槍還不用承擔責任。所以很多老師反對：「不去，太危險了！」校長怎麼辦？他給這些不做家訪的老師寫推薦信：「你很優秀，但你和我們的價值觀不一樣。」實際上就是開除他們。這其實也是第3選擇，雙方志不同則道不合，可以選擇更符合自己價值觀的學校或老師。在他的堅持下，家長會的出席率達到了百分百。他還推行了導師制，將學生分成二十人一組，每組由一位老師負責，如果老師不願意，就為他寫推薦信。

經過不懈的努力，最終格蘭傑中學成了遠近聞名的好學校。很多周邊社區的家長，特別是那些低收入和低教育水準的家長都想盡辦法讓孩子到這所學校就讀，而且該學校讓周邊社區的犯罪率直線下降，他們都因格蘭傑中學而感到自豪。

埃斯帕札校長是第3選擇的典型代表，他本可以坐在辦公室，指責社會、家長、教師，埋怨政府的教育經費不足，但他沒有。他選擇了對每個孩子一視同仁，建立了真正成功的願景，給無望的家庭帶來了希望。他讓九〇％的格蘭傑學生考上了大學或職業學校，徹底改變了這些孩子和他們的家庭。

## 社會中的第3選擇：重建時代廣場

第3選擇對法律也很重要，柯維認為這個世界上大量的錢被律師給賺走了，無論官司輸贏，律師都是賺錢的一方，而事實上很多官司都可以不打。運用第3選擇，就能夠解決很多訴訟問題，包括重建紐約時代廣場。

紐約時代廣場一度是紐約的中心，但到二十世紀七〇年代，許多高雅的劇院關閉，色情、酗酒、吸毒、乞討、惡棍充斥其間，已然成了美國最差的街區。美國政府決定重建時代廣場，但困難重重，不同利益方有不同的訴求，重建計畫舉步維艱。這時有兩位關鍵人物站了出來，一位是社會活動家赫伯・斯特茨（Herb Sturz）；另一位是他聘請的城市規劃師麗蓓嘉・羅伯遜（Rebecca Robertson）。

他們把利益各方都請過來，首先明確各方的底線，讓市民、環保主義者、商業公司、旅遊機構、藝術家把他們的底線列出來，然後詢問：「能減少嗎？」在減少的基礎上，他們濃縮成幾項主要方案，問大家能否接受，在大家表示贊同後，將這幾項方案交給設計公司進行腦力激盪。最終，時代廣場煥然一新，商場、劇院雲集，絢爛的霓虹燈、大螢幕和街頭藝人，足以吸引每個人的眼球。如今，它成為美國最吸引遊客的景點之一。

我們在面臨問題的時候，往往缺少系統思考，通常總想先搞定最難的，答應了這家一大堆條件，結果另一家又提出一堆新條件。兩家相互衝突，結果在多方之間不斷協調，做了很多無用功，最後哪方也沒能滿足。

## 結語

柯維認為，每個人都應過「第3選擇」的人生，既可以做出貢獻，同時還能享受人生。工作和享受人生不是涇渭分明的，但我們總希望把它們完全切割，比如「四十歲前實現財務自由，然後開始享受人生」、「開啟度假模式，工作上的事不要來煩我」，這都是「非戰即逃」的選擇。第3選擇告訴我們要找到工作的意義和價值，工作時享受工作，閒暇時享受閒暇。我在寫作時，靜心享受與大家文字交流的感覺；我在出差時，也會享受躺在酒店舒適的床上看一段電視的時光，而不會焦慮是不是在浪費時間。

柯維建議，每個人都得有人生的願景和使命。如果你能給自己找到人生永久的使命，你就可以長久獲得峰值體驗，因為你在選擇奮鬥的同時也選擇了享受。

# 第 4 章

# 打造一支<br>高效團隊

相信每一個人
身上所具備的潛能，
它一旦被激發，
就能創造無限的可能。

# 09 一定要避開履新陷阱

美國總統有一百天來證明自己，而你只有九十天。

——《從新主管到頂尖主管》（*The First 90 Days*）

推薦閱讀：《從新主管到頂尖主管》

## 引言

我們在職業生涯中，經常會遇到工作崗位的變換，可能是換工作、職位晉升，也有可能是調到其他部門。這樣的履新幾乎人人都會體驗，如果用十八年的工作時間來做個統計，我們平均每人會遇到四・一次晉升、一・八次部門轉換、三・五次跳槽到新公司，以及一・九次調換到新的業務單位和二．二次更換工作地點。把所有變化加在一起，每個人十八年的職涯中，平均會有十三．五次變化，差不多每年都會經歷一次改變。這麼頻繁的經歷變化是否會讓人覺得不適應呢？答案是肯定的。

有一本影響全世界管理者角色轉變的聖經《從新主管到頂尖主管》，為所有履新者提供了非常詳盡的指南。這本書的作者認為，履新的不適應是無法避免的。無論是中國的大企業，如阿里巴巴、海爾集團，還是國際上的大公司，如 IBM，哪怕是所謂的「空降兵」也都存在這樣的問題。問題的關鍵在於如何縮短履新的適應期，也就是縮短履新的損益平衡點，即一個新人加入一個新崗位時，使消耗的價值和創造的新價值兩者平衡的那個點。大量的統計資料顯示，這個平均的損益平衡點發生在入職後的六．二個月。如果方法得當，完全有可能將這個時間縮短。《從新主管到頂尖主管》就是告訴我們怎樣快速適應一個新的工作崗位，並做出業績的一本書。

## 履新，當心這些問題害了你

如果方法得當，步入新崗位的損益平衡點可能會從六．二個月縮短到三個月，甚至是一個月。

當然，如果運用不佳，我們也可能邁入履新的陷阱。那麼，常見的陷阱有哪些呢？（見圖表21）

## 固守一技之長

你用某種方法在之前的崗位上獲得了成功，會自然而然地把它運用到新崗位中，這會帶來大量的問題。就像大家都熟悉的一句話：如果你是一個錘子，你看誰都會是一個釘子，見到誰都會想要去敲。固守一技之長，是履新失敗的一個重要原因。

## 「必須行動」的思維

來到新崗位或接手新工作，必須得做點什麼讓它變得不一樣，不然自己的價值何在！事實並非如此。有一句成語叫「蕭規曹隨」，講的是蕭何死前將自己的位子傳給了曹參。曹參作為新丞相，上任後什麼都不做，有人就向漢惠帝劉盈告狀。劉盈把曹參找來質問：「作為丞相怎麼能什麼都不做呢？」曹參反問：「您覺得我的水準有蕭何高嗎？」劉盈說：「還是差點。」曹參繼續問：「那陛下覺得您的水準比高祖如何？」劉盈說：「肯定不如高祖。」於是曹參解釋道：「既然如此，他們定下的規矩，我們只要照著執行就可以了。」至於我們也是一樣的，接手新工作時，不要輕易做出重大改變。

## 設立不現實的期望

如果還沒有搞清楚狀況就設立目標，很可能與現實脫節，整個團隊都會陷入混亂和恐慌。

## 試圖做得太多

很多人有「救世主」的心態，這件事不對，我要管一管，那件事不合理，我要改一改，設定的方向太多，結果導致公司亂成一團。這就像闖進瓷器店的大象，把瓷器全都打碎了。

## 帶著預設答案履新

還沒有開始真正做事就有了預設的答案，想當然地指手畫腳，這是一件非常危險

圖表 21　到職的七大常見問題

的事情。

## 精力投入有誤

許多人都把自己定義為解決問題的專家，所以來到新崗位，學習得最多的竟是專業技術。自己成為專業人士後，只顧埋頭幹活，根本不去管團隊的氛圍，不去管團隊的關係，也不去管團隊內同事的離職率。個人主義的氣息太過濃烈，就忽略了團隊的強大力量。

## 忽視橫向關係

一般而言，我們很重視縱向關係，我們重視領導、重視下屬，但平行關係往往被忽略，部門之間、平行團隊之間就可能配合不到位。

一旦不小心落入了前述陷阱，就容易陷入惡性循環：還不了解情況，就開始瞎指揮，團隊成員因為排斥、抗拒，所以士氣低落，進而影響業績，業績難看又導致大家質疑你的能力，然後你就會更加拚命地指揮，進而導致大家更討厭你。

有沒有可能將惡性循環變成良性循環呢？如果你加入之後，首先注意跟團隊成員保持良好的關係，詳細了解各種狀況，在一個關鍵點上發力，做出業績，自然會得到大家的認可，之後再做事就會更加順手。再獲得下一個成功也會更加順利，自然而然就步入了良性循環。

在《從新主管到頂尖主管》的封面上，有這樣一句話：「美國總統有一百天來證明自己，而你只有九十天。」履新最初的九十天，很大程度上決定了我們之後的成敗。那麼，履新之初，我們需要做哪些工作呢？

## 做好心理建設，不打無準備之仗

首先，需要建立一個明確的分界點。比如，可以舉辦一個小小的儀式，把親朋好友都請來，讓大家一起見證「與舊生活說再見，與新生活說你好」的瞬間，這樣可以給自己一個心理上的建設。

其次，評估自己的弱點，找出自己的問題傾向。

問題可以分為三類：技術問題、政治問題和文化問題（見圖表22）。技術問題包括財務風險管理、產品定位、產品或服務品質、專案管理系統等；政治問題包括員工士氣，與客戶的關係，與經銷商和供應商的關係，與研發、行銷、營運部門的關係等；文化問題包括公平、成本意識、客戶關注點、持續改進、跨部門合作的問題等。評估後你會發現自己對一些問題有明顯的傾向。比如，你可能是一個非常關注技術的人，或者你可能是一個不太關注技術、只關注文化的人。透過這樣的評估，你會更知道自己的盲點，也就有可能找到辦法來彌補弱點。

還需要注意的是，一定要當心你的優勢。你的優勢很可能成為你在新工作中最大的阻力，所以需要時刻提醒自己，不要沉迷於優勢，要關注更加全面的文化、政治和技術問題。

你需要始終保持學習的心態，重新建立新的工作網路，格外警惕「扯後腿」的人。我剛到中央電視台工作的時候，就有人跟我說：「你來這邊工作根本沒希望，還是另謀高就吧。」這就是扯後腿的人，其中可能包括你的朋

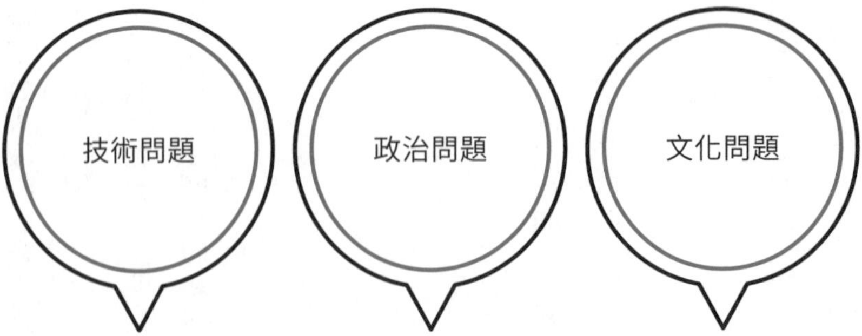


圖表 22　把自己的問題分成三大類

友、親戚、家人、同事。他們會努力把你往回拉，這種慣性力量會阻止你去探索和適應新的環境，會以曾經舒適圈的工作來誘惑你，使你回到原來的狀態。在警惕這些人的同時，你還需要請支持你的人提供好建議，從他們身上獲取能量和幫助。

## 加速學習：欲善其事，先利其器

克里斯是一位軟體工程師，他加入一家新的軟體公司，任務是品質改進。剛開始他就急著著手改進工作，總是指責團隊成員做事方法不對，結果導致離職率上升，團隊效率也開始下降。他只好拚命工作，越做越痛苦，但是團隊成員卻越來越討厭他。一不小心，他就掉進了我們所說的惡性循環。

直到有一天，老闆把他叫過去談話：「我請你來，是讓你改進品質的，不是讓你把一切都搞砸的。你整天指責他們，你有沒有想過，他們之前只用了一點點的預算，就做到了今天的樣子？你知不知道他們為實現這件事付出了怎樣的努力，我們的產品在市場上的優勢是什麼？這些你都研究過嗎？」克里斯驚呆了，他發現自己之前做的所有研究都是以自我為中心。他用自己的優點去挑戰整個團隊的缺點，而從來都沒有問題過一個根本性的問題——這個團隊是如何走到今天這一步的。

一切存在都有其合理性。一家公司能夠走到今天，即使捉襟見肘，也能持續不斷生產產品，原因是什麼？它為什麼還能夠生存下去？把這些問題都搞清楚，這本身就是一個學習的過程。很多人到了新崗位不知道該怎麼學習，就像一個人對著消防水管喝水，水龍頭打開，大量的水流入，你會忽然發現自己不知道應該從哪裡就口，導致大量的水白白流走。面對大量資訊撲面而來，我們必須把學習視為一種投資。唯有經過了熟悉和學習，才能創造出更大的價值，而不是損害公司的利益。

步入新崗位時，有很多人都急於做事，這是非常錯誤的做法。你應該去和老闆爭取一段時間來了解和學習，這其實就是工作中投資的一部分。

**有三類問題一定要搞清楚：關於過去的問題、關於現在的問題、關於未來的問題。**

第一類問題是關於過去的問題。例如，關於過去的業績：這個組織過去的業績怎麼樣？組織裡的人如何看待他的業績？我們的目標是怎麼設定的？這些目標是不夠，還是過於野心勃勃？是否使用了內部或外部的參考基準？採取過哪些措施？哪些行為是我們鼓勵或禁止的？如果沒有達到目標會發生什麼？還有關於過去的原因：為什麼會出現這樣的狀況？曾經採取過哪些方式試圖改變？效果怎麼樣？哪些人對於塑造這個組織非常重要？這些都是關於過去的問題，首先要搞清楚這家公司的歷史，弄明白這家公司是怎麼走到今天這一步的。

第二類問題是關於現在的問題，也就是公司的現狀。例如，目前公司的願景和戰略是什麼？公司目前的流程是什麼樣子？都有哪些人在工作？哪些人能力強，哪些人能力弱？每個人的態度是什麼樣的？公司現在潛伏著哪些可能的危險？哪些領域是我們能夠產生突破的？

第三類問題是關於未來的問題。在未來的一年中，還有哪些有發展前途的機緣沒有被利用？公司需要獲得哪些資源才能夠有效利用這些機緣？

這三類問題能夠幫你更清晰了解公司，**可以從兩個角度來獲取相關的資訊和答案：內部和外部**。內部資訊來自研發營運人員、業務、採購等，以及外向型員工和資深員工。你可以單獨跟他們聊聊，或者觀察他們的工作狀況，甚至在私底下和他們一起吃飯，建立感情。還有就是從外部獲取資訊，包括客戶、供應商、經銷商和外部的分析師。對於來自外部的資訊，可以使用結構化的學習方法，設計每個人的問題，然後對這些答案進行對比。不同於閒聊，一旦對問題有所設計，就說明問題針對的方向和目標都是很明確的，這時候就更有利於發現其中的矛盾所在。

## 根據實際情況調整策略

步入新崗位時，首先要付出時間來學習，這基本上要花費大半個月的時間，之後需要根據實際情況調整策略。**公司裡往往存在兩種角色—英雄和管家**。具體來說，「蕭規曹隨」的人就是管家的角色，而奇異公司CEO傑克．威爾許、IBM前首席CEO郭士納（Louis Gerstner）就屬於英雄，他們來到公司之後進行了大刀闊斧的改革。究竟應該扮演管家還是英雄呢？STARS模型可以說明我們判斷。

進行任何一次調整變化的時候，都會有五種情景（見圖表23）：

1. **初創啟動（start-up）**：在初創啟動時，顯然你要做英雄，因為無家可管，你要設定規矩，建立流程。
2. **整頓轉向（turnaround）**：這時你會發現公司存在很大的問題，需要把它調整過來，所以整頓轉向的時候，你需要先做管家，再嘗試著做英雄。
3. **加速成長（accelerated growth）**：此階段，你更多時候是管家的角色，同時還需要一點點英雄的角色。

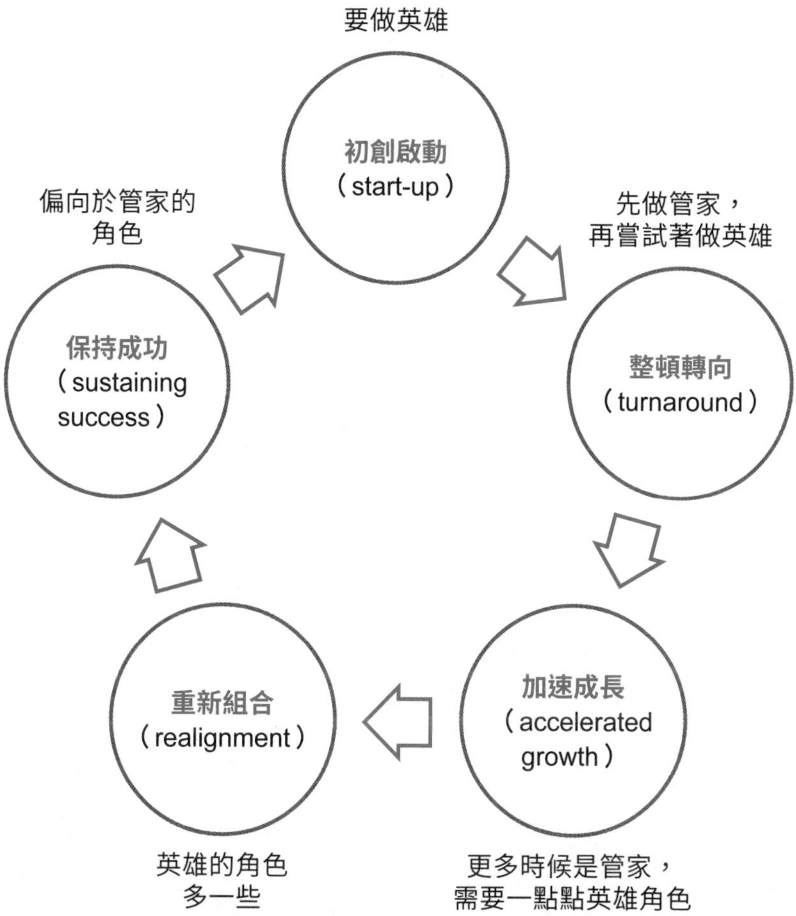


圖表 23　調整變化的五種場景

**4. 重新組合（realignment）**：這時已經需要動大手術了，那麼英雄角色就會多一些。

**5. 保持成功（sustaining success）**：目前已經很好了，你來的目的是把它管得更好，此時會偏向於管家的角色。

究竟是做管家還是做英雄，不是一成不變的，面對每一個決策，都可以使用STARS模型來判斷當時的狀況，進而判斷自己應該扮演的角色。

**無論是做英雄還是管家，一定要做好兩件事：激發大家對於變化的決心，獎勵成功的行為。**如果能夠激發大家改變的決心，促進改變就會相對容易。

同時，如果能對預期方向的小變化加以獎勵，轉變的過程就會更加順利。當然，這個獎勵不僅僅是金錢上的，而且要讓人感受到你對他的喜愛與感激。

## 主動與上司溝通

我在中央電視台主持一個節目的時候，有很多人都跑來跟我說：「你要小心嘍，那個製片人可不好相處，罵起人來很凶的……」我沒有給別人事先下定義的習慣，我想如果我帶著成見去與他相處，可能會更糟。想想自己「臉皮厚」，不怕罵，於是很自然地與他接觸，結果他從來沒有罵過我。他罵過很多人，唯獨我是個例外，他最後甚至認為我是他見過的心理最健康的人。所以，有時候不要被別人的警告嚇倒，懂得與人溝通，你會發現其實有些人也沒有那麼可怕。

## 與上司溝通的幾點忌諱

和上司溝通要注意幾個問題：

**1. 不要離上司太遠**。有人認為我把事情做好就可以了，常找上司溝通，那不成馬屁精了嗎？其實，真正危險的事情是老闆不知道你在幹什麼，這樣你就很有可能被邊緣化。

**2. 不要讓壞消息嚇到上司**。三星曾經就有這樣的先例，某天，老闆突然被告知，一個重點產品因為出了問題，全世界都不允許銷售了。聽到這樣的晴天霹靂，不被嚇到才怪。這個晴天霹靂其實早有端倪，之前出現很多小問題，沒人敢向上司彙報，結果一彙報就是令人震驚。並不是說不能有壞消息，而是不要讓上司成為那個最後知道壞消息的人。你可以經常跟上司回報，說一說最近可能會有什麼樣的問題，你們正在如何解決。不要一值把上司困在辦公室裡，讓他無法獲得更多資訊。

3. **不能只帶著問題與上司溝通**。如果總是彙報問題，而沒有解決方案，長此以往，你也會變成問題的一部分。要知道，上司很忙，沒有精力幫你解決所有的問題，盡量讓他做選擇題，而不是問答題。

4. **不要彙報流水帳**。彙報問題要條理清晰、言簡意賅，比如每次彙報不要超過三件事，《金字塔原理》（*The Minto Pyramid Principle*）和《結構性思維》這兩本書可以幫助你整理思路。

5. **不要期望上司改變**。孔子云：「君子求諸己，小人求諸人。」要學會自己找解決方法，而不是一味抱怨上司不改變。上司真的不會改變嗎？肯定會，但是你不要對此抱太大期望。

## 溝通中必做之事

避開了溝通的陷阱，我們還需要做些什麼呢？

1. **提早並經常明確期望**。這指的是你需要與上司統一目標，並且讓他知道，你在履新的九十天內會達成什麼目標。

2. **承擔百分百建立關係的責任**。這是我特別喜歡的一個觀點：你在與上司溝通的時候，一定要為建立你們的關係承擔百分百的責任。不要指望上司主動來跟你搞好關係，因為他沒有這個義務，而你有義務跟他搞好關係。當你們的關係變得更融洽時，往往他就會主動來找你了，你會突然發現他已經把你當成朋友了。

3. **向上司要一個時間期限**。不要讓上司覺得你一來立刻就要發生天翻地覆的變化，那樣也會陷入非做不可的陷阱。你需要讓他了解你的工作節奏。比如，需要拿出一個月的時間去學習，了解所有發生的事。

4. **在上司看中的領域獲得成功**。這句話聽起來好像是「心靈雞湯」或「厚黑學」，其實不然，在上司看中的領域獲得成功是非常重要的一件事。有時候你可能都不理解為什麼上司特別看重一件事，因為所處的職位不同，上司與你的視角和資訊量是不一樣的。他看中的事情一定是重要的，因此你努力在這件事上實現成功，既有助於公司的發展，也有助於你和上司之間搞好關係。在公司，要警惕變成「憤青」或「文青」，覺得我不需要討好上司，其實這是一種與上司的合作，你要讓上司知道，你對他的關注是非常重視的，這會有助於你下一步的進展。

**5. 獲得對上司有影響力的人的好評**。你要考慮一下你的上司會從哪些地方獲得資訊，他們會重視哪些人的話。如果能夠獲得他們的好評，你會和上司配合得更好。

千萬不要把這些看作職場「厚黑學」，這是最基本的對上司的尊重，也是能夠讓你和上司關係更近的有效方法。

## 與上司進行五輪對話

我們可以透過五輪對話的方式達到前述的目標。

1. 就情境的診斷進行一輪對話，就是對目前公司的現狀和自己的任務，與上司達成一致。
2. 就期望進行一輪對話，就是統一雙方的期望，把目標設定得更清晰。
3. 就資源進行一輪對話，了解你所能調動的資源、擁有的權力及上司可給予的支援。
4. 就領導風格進行一輪對話，比如上司希望多長時間向他彙報一次，以什麼樣的方式彙報。
5. 就個人發展進行一輪對話，比如，上司希望你能達成的目標、上司期待的發展方向，以及對個人發展方向的建議。

與上司的五輪對話非常必要，不可忽略。

## 保障早期成功

經過前述方法，你是否覺得這份工作已經做得比較扎實了？但還沒有結束，接下來的動作至關重要，就是在你履新的六十到七十天時，需要取得一定的成績，《從新主管到頂尖主管》中稱之為「早期成功」。俗話說「新官上任三把火」，你不需要燒三把火，找到一件事情去突破，燒一把大火就夠了。這把明火要燒在什麼地方呢？首先與領導關注的方向一致，其次要符合兩個要求：一是要在短期內帶來良好的成果，讓大家覺得這把火燒得真旺；二是抓住可以改變的機會，調動一切資源實現目標，在此過程中展示自己的領導風格，明確你支持的行為和反對的行為，樹立威信。

最後要提醒的是，**一定要以恰當的方式取得成功**。很多人急於獲得成功，使用了不道德的手段或透支了信譽，這是非常危險的。在電影《寒戰》中，郭富城與梁家輝分別飾演了兩個不同風格、不同背景的警務處副處長，處長位置空缺，兩人明爭暗鬥。郭富城飾演的年輕副處長剛剛上任，急需樹立自己的威信。他在關鍵時刻沒有投機取巧或落井下石，始終堅持把事情做好，最後在尋找失蹤的巡邏車上實現了突破，才真正讓人信服。

## 保持內部的一致性

保持內部的一致性，就是建立一個架構，把合適的人放在合適的位置上，讓大家朝同一個方向前進。一致性也是傑克．威爾許在《商業的本質》（*The Real-Life MBA*）中特別強調的事。他認為，資遣員工、發獎金這種關鍵時期，是建立一致性最好的機會。你需要告訴大家，公司之所以資遣某個人，是因為他的行為與我們所鼓勵的方向不一致，而公司獎勵某個人，是因為他的行為是我們所鼓勵的。

企業家、管理者一定要不斷診斷自己的組織，適當調整人員位置，把每個人都用得恰到好處。如果你發現大家總是在做錯誤的事，還不以為然，那麼組織一定有結構設計得不合理的地方，導致員工缺乏動力或被牽制，這些地方必須動大手術。手術該如何動？從企業的策略目標著手，審視現有的結構、流程、人員能力是否合理，如果調整策略方向，就需要根據新的方向重新搭建組織架構、流程，設計新的系統，這是奠定未來發展的基礎。這個變動會動很多人的「乳酪」，也會逼迫一部分的人走出舒適圈，但這一步至關重要。

## 打造你的高效團隊

最後，你就可以打造屬於自己的高效團隊了。早期糟糕的人事選擇會在後期一直困擾你，因此你需要找到與你同路之人。你可以從六個維度做人事評估，分別是能力、判斷力、能量（為工作注入正能量還是負能量）、專注度、關係（是否能與同事融洽相處）和信任（是否信守承諾）。從這六個維度給員工打分，然後將得分加權平均，根據得分情況對員工分類。

1. **保持位置**：這個人在當前崗位表現得很好。
2. **維持並且發展**：這個人可以勝任，但是需要學習。

**3. 調換崗位：**這個人有能力，但目前的崗位不適合他。

**4. 替換（低優先順序）：**這個人需要被替換，但如果沒有招到合適的人，可以暫緩。

**5. 替換（高優先順序）：**這個人應儘快被替換。

**6. 留待觀察：**這個人情況不明朗，還需要再觀察一段時間。

接下來，你就可以根據分類情況推動變革，實現人員轉換了，在推動變革時可以使用兩種力量——推和拉。

推的力量包括目標激勵。比如，設立明確的KPI指標，用獎金激勵大家完成目標。

拉就是用願景和文化打造出一支健康的團隊。在願景和文化的激勵下，員工會自願做一些事。這就是為什麼大家覺得跟著傑克·威爾許、郭士納這樣的人工作會充滿動力，因為他們有著很強的拉動作用。

**優秀的公司並非所有人一同前行，同道者留下，阻礙者離開，**就像《聯盟世代》（*The Alliance*）所述，好的公司像一個球隊，而非一個家，球隊的任何一員，目標都應該是贏球。而公司中的變化時刻都在發生，《你可以改變別人》這本書能夠幫助我們讓變化來得更快。

## 建立同盟和自我管理

你需要知道哪些人會幫你，然後聯絡自己的同盟軍，積極獲取支持。履新最初的九十天，相當於飛機起飛時低於一萬英尺的航程，是飛行最關鍵也最危險的時刻。你在帶領一個團隊起飛的這前九十天中，必須對自己嚴格要求，建立你的支持系統。這個支持系統不僅來自家人、員工、同事，更重要的是還來自你的領導。這些人如果能夠與你有充分的溝通，給你足夠的支持，不斷鼓勵你往前走，你就會很容易克服這一段時間的巨大壓力。

完成前述的工作之後，你的主要努力就應該放在幫助團隊的所有成員走上轉變之路，讓他們認識到，工作本身就是練習，不斷擁抱變化才能走得更遠。當他們適應了新領導和新變化，團隊就算基本穩定了。

## 結語

當今社會，資訊和網路帶來巨大衝擊，不僅工作變換的情況越來越多，連行業都會發生翻天覆地的變化。固守只能被淘汰，變革才能創造未來。前述方法值得每一個人學習，讓大家在新的崗位、新的城市，甚至新的行業，鎮定自若，擁抱變化。

# 10 不做指令型主管

教練幫助人們學習，而不是給他們授課。

——約翰・惠特默（John Whitmore）

推薦閱讀：《高績效教練》（*Coaching for Performance*）

## 引言

樊登讀書會的目標是幫五億中國人養成閱讀習慣。這個行動的導火線是我看了一本經典著作，非常想與人分享，這本書於是成為我們線下讀書會分享的第一本書——《高績效教練》。單從書名看，好像是一本關於領導力的書，但是你不能把它簡單地歸類為講管理和領導力的書——

用來教孩子，同樣有效。

這是一本里程碑，作者惠特默博士的經歷頗有意思。他是一位爵士*，參加過第二次世界大戰。二戰之後，他回到英國，創辦了一個體育俱樂部，教大家打網球、滑雪、開賽車……。但是他的俱樂部裡的教練分布不均，有時候網球教練不夠，而滑雪教練還有多，他就會讓滑雪教練去代網球課。滑雪教練推託：「我不會呀，這不行，我沒打過。」他鼓勵這些教練：「沒打過也沒關係，你試試看嘛，反正湊合教一下，沒關係的。」結果這些滑雪教練就戰戰兢兢地跑去教網球課。慢慢地，他發現了一個有趣的現象：一學期的授課之後，滑雪教練教出來的網球選手，居然比網球教練教出來的人打得還要好。

這就奇怪了，滑雪教練自己都不會打球，怎麼教呢？就因為他不會，所以他說「來，擊球」，這個選手就「啪」擊一個球。如果是網球教練，就會說：「你這個動作不對，你這個腰的方向不對，你重新擺一下，這個手肘抬高一點，再來一次。」但是滑雪教練就不一樣了，因為他不會呀，所以只能說：「你覺得剛才自己打得怎麼樣？你覺得哪邊沒出力？」這個選手就會說：「我覺得腰力好像不太夠。」滑雪教練就會順勢說：「那好，你自己調整一下，你想想怎麼調整，能把這個力發出來。」然後選手調整完了再打。「這次呢？這次這個球你覺得擊得怎麼樣？」「這次我覺得胳膊好像不對勁。」「好，那你再調整一下。」你會發現，每次都是這個選手自己在思考，自己在調整，滑雪教練只負責問。結果這些滑雪教練教出來的選手水準都很高。

同樣的狀況發生在澳大利亞游泳隊——訓練出澳洲飛魚伊恩・索普（Ian Thorpe）的教練竟然不會游泳！有一次比賽，大家得了冠軍之後很高興，一激動，就把這個教練扔到水池子裡去了，結果教練在水池裡不停喊救命。

為什麼這些不會打網球、游泳的人反而能教出更好的選手呢？大家可以設想一下：如果你整天被別人盯著，被別人教育「你不應該這樣，你不應該那樣」，你還覺得打球有意思嗎？相反，如果你打球的時候總是需要自己琢磨，這個動作應該怎麼擺，自己應該怎麼調整，這時候打球的責任感落在誰的身上呢？沿著這條思路，惠特默博士就發展出了一套名為GROW模型，用一套提問的模式快速激發對方心中把事情做好的動力。

---

＊ 歐洲君主國的一種爵位，從最高級爵位到最低級爵位的五個等級分別是：公爵、侯爵、伯爵、子爵、男爵。

# 為什麼給他人的建議總是收效甚微

你有沒有發現這樣的狀況：你不斷為別人提建議，在對方聽來反而變成一種譴責。比如，我老婆經常來問我：「我最近開了一間小店，你可不可以給我提點建議？」既然她詢問建議了，那我就放開了說：「你應該做宣傳、做社群，你應該多和大家溝通……」我正說著，老婆突然就生氣了：「有你說的那麼簡單嗎！要是那麼簡單，我早就做了！你說的這些我都試過，沒用！真是站著說話不腰疼！」畫面是不是很熟悉？這在生活中太常見了。當你不斷告訴別人應該怎麼做、為什麼不去試試的時候，對方都會生氣，覺得你是在指責他。

還有一種狀況，就是當你給對方提建議的時候，無論你給出的是什麼建議，對方都會立刻下意識地告訴你「不行」。比如，兩個閨密聊天，一個女孩說她老公外面有人了，另一個女孩建議她離婚。這個女孩馬上就會反對：「那不能離呀，都有孩子了，畢竟在一起這麼多年了，離了損失也挺大的。」這時另一個女孩只好說：「那就睜一隻眼閉一隻眼，將就吧。」這個女孩又會反問：「那你湊合一個試試！」這件事情無非就是離婚或將就，但無論你給出哪一個建議，她都不能接受，為什麼呢？因為人們天生有一種自我保護的意識：當別人告訴你「應該怎麼做」的時候，你往往會找出很多理由來拒絕。

這一點我深有感觸。每次我講完書之後，就會圍上來一大群書友。他們會問我：「樊老師，我家孩子……」、「我老公……」、「我的生意……」我之前不懂，還經常給人建議。結果我發現只要給出建議，對方就會以「哎呀，這個我試過，好像效果不太好」、「哎呀，這個成本太高，我們做不到」來拒絕。他覺得應該是我來幫他解決問題，而真正應該解決問題的人是誰？永遠都是他們自己。

一旦我們輕易給對方建議，輕易指出對方應有的做法，對方立刻就把責任感推到我們身上。需要明白的是，一個員工跑來問你某件事該怎麼做的時候，八〇%的情況是，他心裡已經有了答案。他來找你就是為了讓你來替他做決定，幫他承擔責任。**當一個管理者告訴員工要怎麼做的時候，七〇%的情況下，這個建議都是無效的。**

我們給員工的建議，到最後都不了了之。即便是一個正確的建議，人們在執行的過程中也一定會遇到困難，還得想辦法解決。如果這個建議是老闆給的，那麼一遇到困難，我們就會認為這是老闆的問題，之後會不斷找老闆，把無窮無盡的問題都推給他。不斷給員工建議，還會讓他誤解為這是對他的指責，打擊了他的積極性。這就是我們給他人建議，卻收效甚微的原因。

## 教練存在的前提：相信人的潛能

我們要學會透過提問來引導對方把事情做好，這裡有一個前提，就是要相信人的潛能。你們的員工中一定存在這樣的人：工作做得不怎麼樣，打麻將特別厲害、唱歌很棒、玩飛機模型很厲害或炒股很厲害。總之，就是他在工作之外，有些事情做得特別棒。如果一個人在工作之外能夠把某件事做得非常好，就說明他身上有潛力，只不過他並沒有把這種潛力用在工作中。我的經驗告訴我，沒有任何指標表明必須成績好、名校畢業、擁有高智商或很強的表達能力才能成功。最核心的是他有沒有創業精神，是否認為這件事是他一定要做的。

我創業的第一家公司是做MBA培訓的，當年我們公司有一個三哥，是我們總經理的哥哥。三哥沒上過大學，在農村老家工作。後來，他弟弟在北京和我們一起創業，把公司做起來之後，他就過來幫忙，做一些零碎的工作。那一年，我們的公司已經發展得很不錯了，於是決定進軍上海市場，結果很不順利，打算回北京。臨行前一晚，三哥突然和我們說他不想走了，要留下來發展上海的市場。我們都覺得他連大學都沒畢業，做不了MBA培訓。他覺得自己可以，很堅定，甚至自己回家籌集資金。後來我們就把上海的區域授權給他，讓他來做這件事。他回家借了人民幣二十萬元，然後就在上海打拚。現在呢？他已經改頭換面，把上海地區的業績做得相當好，也算實現了自己的「上海夢」。

以前我們認為，這個人連大學都沒讀過，怎麼可能做MBA培訓呢？最令人不可思議的是，他現在還能自己講課。以前的課程是請我們來講，課酬、交通費開銷太大，他發現要是能自己講就省錢了，於是反覆觀看我們講課的錄影，對照練習。有一次，三位學生前來諮詢，於是他現學現賣，講完之後兩個學生當場就掏錢報名了。

我們一定要相信每一個孩子、每一個人身上所具備的潛能，一旦被激發，就能創造無限的可能。假如你認為自己日子過得還不錯，可以捫心自問，你真的是天賦很高的人嗎？你真的比你的員工都聰明得多嗎？如果沒有的話，他們也可以像你一樣成功，甚至可能比你做得更好。

## 教練與指導的本質區別

如果員工離開了你的公司之後，發展得更好了，就說明他在你的公司裡根本沒有發揮出他應有的潛能。只有當一個管理者相信員工潛能存在的時候，他才肯放下指導的架子，而變成教練（coaching），不斷用提問的方式改變這個員工的狀況。

馬斯洛的需求理論構建了一個需求金字塔（見圖表24）。金字塔從下到上將人的需求分成五種：生理需求、安全需求、社交需求（歸屬和愛的需求）、尊重需求和自我實現的需求。我們可能認為，這些層次需求要一級一級來滿足，只有滿足了低層次需求才會轉向高層次需求。這種理解失之偏頗，因為他沒有辦法解釋為什麼有的人「不為五斗米折腰」，又為什麼有的人為了道義甚至可以犧牲生命。這種人還沒有滿足安全需要，就直接追求到頂層自我實現的需求。

其實，很少有人認真讀過馬斯洛的需求理論，其中有兩個非常重要的解讀：

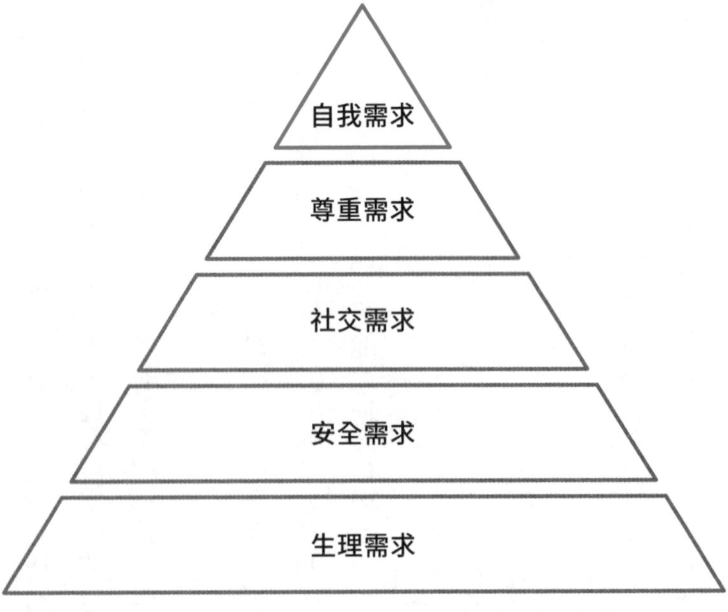


圖表 24　馬斯洛的需求理論

**1. 當一個人能夠在自我實現的需求上得到充分回報時，他就會忽略底層的需求**。比如，當你給一個人足夠的尊重和自我實現的時候，他就會覺得有沒有錢沒關係。中國縣委書記焦裕祿就是一個典型的例子，為人民服務能夠給他帶來極大的成就感，即便是付出生命、沒有報酬，他也能堅持下去。

**2. 如果一個人的更高層次的需求無法得到滿足，他就會在低層次需求中拚命索取**。這就是為什麼很多貪官會永無止境地貪汙。他高層次的需求是完全空虛的，他根本感受不到自己存在的價值、意義，以及對社會的貢獻。他的自我評價很低，這就導致了他會在低層次的需求上拚命攫取。

我們也可以反思一下，如果員工整天和我們談錢，整天要求加薪和分紅，我們就需要想想看，是不是員工高層次的需求沒有得到回報呢？當你能夠給對方足夠的尊重和自我實現的感覺時，他低層次的需求才會減少，轉而追求高層次的需求。我們所說的教練式輔導所給予員工的，就是讓他們找到實現自我的目標和方法。

## GROW輔導的關鍵原則

一個人工作做不好，一般都是因為兩個問題：第一，缺乏自我認知，不清楚自己現在的狀況、自己的責任或最大的困難是什麼；第二，他會認為這件事與他無關，因為老闆是這樣說的，因為大家都是這樣做的，因為社會環境就是這樣……總是會存在一些理由。惠特默博士於是發明了一套GROW模型（見圖表25），即四個步驟：目標（goal）、現狀（reality）、選擇（option）和意願（will）。用這四個步驟說明對方承擔自我責任，認清自我的現狀。

### 第一步：目標

如果有人跑來問我：「樊老師，××事我該怎麼辦呢？」套用教練模式，我會透過第一組問題釐清他的目標是什麼，同時透過這組問題，激發他自己設定一個目標。我會

圖表25　GROW模型的四步驟

問：「你的目標是什麼？」「你最想實現的是什麼？」「你希望自己的工作變成什麼樣？」「如果設想一下，你覺得最美好的工作狀態是什麼？」

他如果說：「我想尋求生活和工作的平衡。」這算是一個清晰的目標嗎？當然不算。

你可以繼續追問：「什麼叫作工作和生活的平衡呢？平衡的定義是什麼？你打算什麼時候實現？」當他說出具體實現的指標，並且知道什麼時候實現的時候，這個目標就逐漸清晰了。

一個人有清晰的目標，才具備了實現目標的前提。很多人經常心煩意亂、不知所措，出現這種情況的原因其實很簡單：他根本不知道自己想要什麼。這組問題就是要激發他找到一個目標，並且**把這個目標具體化：什麼時間、什麼地點，變成什麼樣**。

第一組常用的問題包括：

- 你要實現什麼目標？
- 具體的目標是什麼？
- 有什麼具體的指標嗎？
- 打算什麼時候實現？
- 你能設想的最佳狀態是什麼？

這些問題是為了激發對方對目標的感受。你在判斷對方的目標是否清晰時，需要注意不要輕易評判對方的目標。

有一次上課，課堂上我要求一位老闆來輔導一名員工。員工說：「我想最近幾年到國外讀一個MBA。」老闆的反應是：「讀那個有什麼用？沒用！」因為老闆自己讀過，所以老闆會說「讀那個沒用」。其實，老闆並沒有客觀地聽員工接著往下講，他把責任接過來了——他開始評判。一旦你開始評判對方的目標，對方就會立刻自我保護：「那老闆你說什麼有用？」如果對方不尊重你，他會說「我覺得很有用」，然後就開始和你對抗，那麼這個輔導就會失敗，因為責任感已經從「他」的身上，轉變到「你」的身上。請記住：不要評判對方的目標，只要對方能夠準確清晰地說明他的目標就可以了。

## 第二步：現狀

關於現狀的問題有：

- 現狀是什麼？
- 哪些事讓你特別心煩？

・你做過哪些努力？效果如何？
・有誰與此相關？

需要注意的是，「有誰與此相關」，這是一個非常重要的問題。這個問題會放大人們的視野，讓大家把所有與此事相關的人都羅列出來，研究一下他們分別持什麼態度。同時思考，自己曾經做過些什麼努力來改變，與自己相關的原因有哪些。

有一次，我問一個人做過哪些努力來改變。他說：「我沒做過什麼努力，我好像什麼都沒做，我就是不停抱怨。」如果我沒有詢問這個問題，而是直接指責他：「你什麼都沒做，你也沒有努力過，你就是在不停抱怨。」會有效果嗎？他肯定不會接受，但如果由他自己說出來，就代表他開始認清現狀。

另外一個非常重要的問題，就是你**如何知道哪些是事實**。有時候人對現狀的判斷是錯誤的，所以你需要提醒對方一下。

## 第三步：選擇

為了激發對方的思考，你可以發問：

- 你有哪些選擇？
- 有哪些方法來解決問題？
- 類似或相同的情況下，你聽過或見過別人用什麼辦法來解決問題？每個人的思維都有惰性，一旦想出一個解決方案，就不會再繼續想了，然而這個方案未必是最好的辦法，所以這時要追問一句：
- 還有其他辦法嗎？

相反，如果對方說了一個不切實際的方案，也不要急於否認，不要評判。因為被你輔導的人做的事，你自己可能都不會。我作為一個老師，輔導過銀行員工、賣鋼鐵的、做水泥的、搞環保的，但這些人會做的事，我一樣都不會，但這不妨礙我輔導他們。

這一組問題本身就具備能量，接受過輔導之後，他往往會說自己明白了。最艱難的狀況是你對這件事很了解，這時就容易變成介入，一旦變成介入，就會離成功越來越遠。不要輕易評判說「不行」，如果覺得懷疑，就問問對方這樣做可能有什麼後果，讓他自己去思考。

在選擇這一部分，最重要的就是盡可能多幫對方挖掘各式各樣的想法，讓對方知道原來還有這麼多解決方案。往往在這個時候，對方是最激動的，因為他找出了很多種解決的步驟和方案。

## 第四步：意願

最後，我們通常會問：

- 你打算怎麼做？
- 何時是下一步行動的最好時機？
- 下一步的行動是什麼？
- 你還需要誰的說明和支援？
- 還有哪些資源是必需的？

當你把這些都問完的時候，對方已經開始準備下一步的行動了。

這四步中，前兩步是為了幫助對方搞清楚自己所處的現狀，後兩步就是在幫助對方建立自我責任。這四個步驟構成了GROW輔導的關鍵原則，掌握了這四個步驟的具體方法，就可以開始教練的實踐了。

## 一次關於教練的實踐

對於教練的初學者，最簡單的方法就是按照前述所列的問題一個個地問下去。不用加入任何自己的判斷和經驗，就能讓對方發生巨大的改變。

有個好朋友找到我，讓我給他老婆講講佛法。他老婆對接下來是要生孩子，還是繼續工作特別糾結，只要家裡有人提生孩子的事，他老婆就一定會爆發，甚至還會哭。他覺得因為這件事情，老婆快得焦慮症了，也許佛法會幫助她緩解這種焦慮。很多女性都會面臨這樣的問題：事業蒸蒸日上，壓力巨大，沒有精力也沒有時間生孩子，身體也因為繁重的工作變得很糟糕。如果這時生孩子，會很冒險；但如果不生，年紀越來越大，生孩子的風險也越來越大。我一聽，這件事正好是教練技術可以解決的。

我就問她：「妳的目標是什麼？」

她回答說：「我覺得很亂，希望自己的工作和生活能平衡一點。」

這個目標並不清晰，所以我就追問：「妳覺得什麼才叫工作和生活的平衡呢？具體的指標是什麼呢？」

「具體一點，就是我得在生孩子和工作之間做一個決策，決定一下我到底是生孩子，還是繼續工作。」

「那妳打算什麼時候做出這個決策呢？」

「我想，大概今年年底吧。我必須做一個決定，如果能實現雙贏是最好的，就是既能工作，又不耽誤生孩子。可是如果真的實現不了，我也必須要做出一個決定。」

從這段對話，你就知道這時候她的目標已經明確了。

接下來就進入第二組問題：「那麼現狀是什麼呢？」

她說：「現狀就是工作好累啊，我在一個基金公司裡做研究員，整天出差。這份工作很辛苦，要加班，晚上還經常熬夜，甚至有時候還要通宵。其實，我的身體是吃不消的，都被掏空了，根本就沒法生孩子。」

忽略這一大段抱怨，她把現狀講出來了。

「那麼，有誰與此相關呢？」

「我老公、我媽媽、我婆婆、我老闆，這些人都跟這件事有關。」

「這些人各自持什麼態度呢？」

談到這個問題，能明顯感覺到她的說法就變了：「我老公當然很好，他說生孩子也行，不生也行，反正我們家的經濟狀況還可以，他還可以養我，也沒有給我太大壓力。」

在這之前，我了解到的是，我的朋友（她的老公）跟她說：「生嘛，沒事，大不了辭職。」我朋友一旦這樣表達，這個女孩就會說：「我的工作在你眼裡真的一文不值嗎？你覺得我就應該當一個家庭主婦嗎？你怎麼一點都不尊重我的工作呢！」我朋友只好改口：「那就不生了，妳接著上班。我們又不著急，才剛過三十，慢慢來，不要緊，妳不催我，我也不催妳。」這時候他老婆又會說：「將來做高齡產婦的那個是我好嗎……」

發現了嗎？無論我朋友表達的是生還是不生，他老婆都會表達出「有你說的那麼容易嗎」的反駁意見。因為我朋友並不了解她內心的糾結，而這時候我問她，她又改口變成了「我老公很好，對我很寬容，生也可以，不生也可以」。

「我媽媽、我婆婆，她們肯定是想要孫子的，但是她們也沒怎麼催我們。我覺得我們家在這件事上對我還是很寬容的。」

「那妳老闆呢？」

「我老闆對這事根本就沒關注，我老闆可能都不知道我心裡想著這件事，因為我都沒跟他說過。」

「妳都為此做過哪些努力呢？」

她想了想，說：「我沒做過什麼努力，我就是在家裡糾結，然後跟我老公發脾氣。」

「這個事與妳相關的有哪些要素呢？」

「跟我相關的，可能是我這個人想要的太多吧，我什麼都想要。」

大家可以注意一下，這種話如果是我來說，就一定會吵架，最後有可能變成沉默對抗。但是現在，這是她自己反省出來的。

「那妳打算怎麼做呢？」

她很認真思考，我們作為旁觀者一眼就能看出來，這個輔導是成功的——被輔導者在不斷思考，而輔導者是一種氣定神閒的狀態。因為這件事的責任感最終落到了被輔導者身上，而不是輔導者身上。

她想了半天，說：「首先，我得回去跟我們老闆談一下，我得讓老闆知道我心中有這個糾結，讓他給我調整一下工作，減少出差。然後，如果可以的話，再給我配個助理。我會用半年的時間盡量調整我的工作和生活，讓我能夠晚上準時下班，然後去健身房鍛鍊身體，慢慢恢復身體。如果到年底之前能夠把身體調養好，並且減少出差的話，我就生孩子。」

「如果不能呢？」

「那我就辭職生孩子，因為這件事對我來講很重要。」

「好，那妳打算什麼時候實現這件事呢？」

「今年年底之前，我一定要把這事實現。」

這只是一組解決問題的方法，我接著問：「還有別的方法嗎？」

「那你再推薦幾本佛教的書吧，我讀一讀。」

「除了這個呢？先說妳自己的。」

「別的沒有了，就這些了。」

之後，進入願景步驟：妳還需要誰的支持？」

「我需要徵得我老公的同意。」

我朋友就坐在旁邊，趕緊說：「沒問題！」

「妳回去之後，做這件事的可能性是多少？0～10，你打幾分？如果妳非常肯定要做的話，就接近10；如果妳不太肯定要做，就接近0。」我又接著提問。

她想了一下：「3分。」

「3分？那就意味著妳不會做呀！如果可以調整某個指標，把這件事的可能性放大，妳願不願意試一試？」

她又想了一下，說：「可以。如果不在乎老闆的想法，這件事的可能性就會高很多。」

「那妳願意調整這個指標嗎？」

「可以呀，我都打算辭職了，幹麼還要在乎他的想法呢！」

「好，如果妳不在乎老闆的想法，執行這件事的可能性有多高？」

「9分，我現在就可以做了。」

「很好。回去之後第一步做什麼，第二步做什麼，你還清楚嗎？」

之後她把計畫敘述了一遍。我朋友坐在旁邊都愣住了，這個談話居然能這麼順利，幾個問題就能把之前糾結那麼久的事給解決了。關鍵解決方法還是他老婆自己說出來的，不可思議！

整個過程中，我沒有評判，沒有介入，沒有不斷提建議，我讓她知道這件事的責任在她自己身上。輔導者一定要抱著這種心態：**這些事情都是你的事，和我沒有關係，你要自己承擔起這個責任**。

這套GROW模型不僅適用於成年人，對於孩子也同樣有效。例如，對於孩子學習這件事，如果能讓孩子明白學習是為了自己，他就會因為要對自己的未來負責，願意主動學習，很多問題也就迎刃而解了。其實GROW模型很像《如何培養孩子的社會能力》（*Raising a Thinking*

*Preteen*）中提到的方法，而GROW模型針對成年人也同樣有效。

## 好教練的特徵

一個好教練有什麼特徵呢？首先，要做到不評判、不引導，輔導最大的敵人就是引導，一旦對方聽出來你想要引導他去做一些事，他就會立刻把自己的責任推到你身上，這就很難有進展。其次，就是不建議，這是讓自己「置身事外」的一個重要原則。再次，就是教練自己要放鬆，不要讓自己的緊張情緒介入。最後，真誠很重要，一個優秀的教練要能夠讓對方感覺到他是被完全信任的。

## 結語

教練是一個特別有意思的培訓門類，這種方法真的能夠幫助很多人。在未來，人們越來越需要被激發、被輔導，而不是被指定，因為人們越來越有個性、越來越獨立。希望大家掌握了這套方法之後都能實踐，當一個人問你「這事兒該怎麼辦」，你會下意識地反應「你覺得呢」時，你就已經從一個指令型的領導，逐漸變成一個教練型的領導了。

# 11 要有危機領導力

幸運會扮演一定的角色，但你如果不夠聰明，不夠專業，不能在正確的時間出現在正確的地點，你就不會獲得幸運的垂青。

——丹尼斯・柏金斯（Dennis Perkins）

推薦閱讀：《危機領導力》（*Into The Storm*）

## 引言

每個人在帶領團隊的過程中都難免遇到挫折，當你陷入巨大的困境時，那種無助感油然而生。你可以讀一讀《危機領導力》，它不是教授們溫情脈脈的實證或在實驗研究下得出的成果，它的風格與一般的管理圖書全然不同。

這本書的作者丹尼斯．柏金斯曾經是一名參加過戰爭的海軍陸戰隊，退役後成為一名管理諮詢師。他熱中於考察在那些挑戰人類極限的活動，如南極點探險競賽、「阿波羅13號」登月、攀登聖母峰，危機領導力是如何發揮作用的。這本書研究的是「AFR午夜漫步者號」（AFR Midnight Rambler）奪取一九九八年雪梨至霍巴特帆船賽（Sydney to Hobart Yacht Race）冠軍的過程，為此丹尼斯採訪了所有的船員、家屬、競爭對手，甚至後來親自參與了一次這項最危險的航海賽事。

有人說，帆船運動最考驗團隊的合作能力，為此越來越多的管理訓練在帆船上進行。當然，他們不可能經歷航海探險般的殘酷考驗，但置身其中，也會感同身受。

## 關於雪梨至霍巴特賽事

這是澳洲具有指標的比賽，被譽為離岸帆船賽中的巔峰。賽程共一千一百七十公里，以天氣變化無常著稱，比賽過程中經常出現無法預測的風暴，遭遇熱帶氣流、強力逆風、逆向水流更是家常便飯，並且每年遇到的天氣狀況都完全不同。航行中，變幻莫測的天氣讓不少船隊吃盡苦頭，因此人們將它稱為「南半球最艱辛的國際遠洋比賽」。與之相比，美洲盃帆船賽（*America's Cup*）只是富人們午後出去在海上繞著浮標轉幾圈而已。

一九九八年的雪霍賽尤其危險。當時一共有一百一十五艘船、一千一百三十五名船員參賽，最後只有四十四艘船到達終點，其間五艘參賽船沉沒，七艘被遺棄，六名經驗豐富的船員喪生。整個救援出動了二十五架飛機、六艘船，參與救援人員達一千餘人。

甲骨文（Oracle）創辦人賴瑞・艾利森（Larry Ellison）和英國媒體大亨拉克蘭・默多克（Lachlan Murdoch）也參加了一九九八年的比賽。艾利森是個窮奢極欲的人，豪車、遊艇、飛機，一樣不缺，他在玩過幾次美洲盃帆船賽後，覺得不過癮，於是參加了雪梨至霍巴特帆船賽。他買了一艘長達二十四・三米的「莎喲娜拉號」（Sayonara）帆船（莎揚娜拉是日語「再見」的音譯），是這次比賽中最大、性能最好的帆船。他聘請了世界級的明星船員，雇用了最貴的天氣預報服務人員，他們的預報可以精確到小時。艾利森在出發前還跟隊員們開玩笑說，其實根本不需要天氣預報，因為「莎揚娜拉號」能應付一切天氣。就是這樣一個擁有最好的帆船和明星船員的團隊，也因為途中遭遇了極具破壞性的天氣而被迫退出。如果以這場比賽為藍本拍攝電影的話，無疑是一部災難片。

在這次比賽中，獲得冠軍的是一艘長度僅為十．七米的小船——「AFR午夜漫步者號」。他們和時速一百六十九公里的狂風及二十四．四米高的大浪搏鬥之後，經過三天十六個小時，安全抵達賽事終點。

## 「午夜漫步者號」的經歷

### 團隊成員

「午夜漫步者號」的船長愛德（Ed Psaltis）來自一個航海世家，從小就參加帆船比賽，之前也參加過雪梨到霍巴特的比賽，但從未獲得冠軍。他買下了「午夜漫步者號」之後就著手組建團隊。

克里斯（Chris Rodcell），第二次參加比賽，之前他因船中途損壞而被迫退出比賽。

戈登（Gordon Livingstone），曾經跟隨愛德參賽，但也是個新手。

米克（Michael Bencsik），負責更換船帆，還是一位良好的溝通者，最擅長在愛德發脾氣的時候開玩笑，讓整個團隊的氣氛輕鬆下來。

鮑勃（Bob Thomas），愛德的弟弟，在關鍵時刻可以替換愛德掌舵。

## 比賽過程

一百一十五艘船在晴空下駛出雪梨港口，一開始天氣還不錯，在離開海岸之後，天氣開始逐漸變糟，「瘋狗浪」撲面而來，尤其是在夜間，漆黑的海面和狂風暴雨，讓所有海員都驚恐萬分。如果你看過美國電影《海神號》（*Poseidon*），就會對這種浪記憶深刻，幾十米的浪捲著像一幢高樓一樣高迎面壓來，巨大的輪船頃刻間被打翻，更不用說弱小的帆船了。

賴瑞．艾利森暈船狂吐不止，躺在船艙裡從幾十米的高空突然墜落，默多克的手指被船帆切斷，「莎揚娜拉號」在航程近半的時候退出比賽。「午夜漫步者號」上的船員也感受到了死亡的威脅，每個人都做好了落水的準備，但沒人提出放棄比賽，所幸帆船駛向海岸線。

這一切僅靠幸運是難以解釋的。在經過大量研究和訪談之後，作者找到了十個帶領團隊走出困境的策略。

## 十大策略

### 策略1：讓團隊成為明星

成功的團隊建立在一個信念之上，這個信念就是只有一個明星，這個明星就是團隊。相比「莎揚娜拉號」，「午夜漫步者號」是缺乏個人明星的，但成功不需要某個人的出眾，而是整個團隊的出眾。

1. 找到具備堅定信念的團隊成員——他們就是要去霍巴特。他們不是因為巨額佣金才加入的，而是抱定了走完全程的夢想，並且能夠在賽事中奪冠。只有為了這個目標願意吃苦的人才能進入團隊。
2. 尋找多樣的人才，並把合適的人放到合適的崗位上。每個人都有各自的優勢和不足，但在最合適的崗位上，劣勢可以得到彌補。
3. 最小化等級與地位差別。這不意味著所有人決策時都擁有相同的話語權，而是指團隊成員要同甘共苦，減少特權待遇。

中國電視劇《亮劍》中，李雲龍的下屬平日跟他相處時沒大沒小，經常管他要這個要那個，嬉笑打鬧。但是在關鍵時刻，李雲龍的指揮，大家還是一致遵從。華為總裁任正非出門還自己打車，他並不覺得自己一定要配專車，不必到哪兒都由司機接送，他願意把自己變成一個跟員工同甘共苦的人。

當你減少地位上的等級差別時，人們才不會把你供在辦公室裡，才願意跟你說真話，告訴你壞消息。

**4.** 追求兄弟情誼。無私、不求回報地幫同事走出困境，是建立兄弟情誼的關鍵。

有的人喜歡提「職業」——把工作做好就行了，不需要和他人建立情感。普通團隊中，這樣的合作沒有問題，一旦危機來臨，簡單的「合作」遠遠不夠，沒有「全心全意」為對方付出，沒有「犧牲小我成全大我」的精神和文化，團隊很難度過難關。而這樣的團隊文化，是透過日常生活中的一點一滴培養起來的。

**5.** 設立最佳貢獻獎。這個獎項用來表揚最能代表團隊、付出最多的成員，由船員投票產生。

**6.** 打造外向型團隊。團隊內部關係緊密，但很開放，願意與外部團隊或個人合作。

孔子曾說：「君子矜而不爭，群而不黨。」外向型團隊就是這樣一個「群而不黨」的團隊，有兄弟情義但不結黨營私，不故步自封。

## 策略2：不給失敗留任何藉口

「午夜漫步者號」最重要的特質之一就是他們對準備工作很重視，這樣才能使勝率最大化，而且不給失敗留任何藉口。

**1.** 創建一個團隊檢查清單。美國外科醫生葛文德（Atul Gawande）的著作《清單革命》（*The Checklist Manifesto*），展示了醫生在做手術時使用的清單，這個清單也可以用於日常事務的管理。「午夜漫步者號」也創建了清單，根據清單一一盤點，不斷調整，保證每一個準備工作都做到位。

**2.** 在比賽中也不要停止準備。制訂各種緊急情況下的檢查清單，並經常培訓。船在行進過程中，大家經常開會，了解最近哪些東西損耗了，下一步應該如何做。

**3.** 擦拭煤油爐。愛德在準備這場比賽時，連船上的煤油爐都擦得乾乾淨淨，他把每一件看起來無關緊要的小事都準備好，這代表著必勝的信心。

**4.** 對變化有所準備，但也要靈活應對變化。有時變化會猝不及防，團隊需要靈活應對。太多甘於平庸的團隊，一開始就沒有好好準備去迎接勝利。凡事湊合，沒有計畫，做到哪就是哪。而卓越的團隊從一開始就做了充分的準備，這樣也更容易獲勝。

## 策略3：適度樂觀，發現並關注獲勝的場景

在危機中難免會產生挫折，如果沒有人能夠把團隊從沮喪中帶出來，就無法走出危機。

1. 務必清楚獲勝意味著什麼。想要發現並關注獲勝的場景，第一步就是要給獲勝下定義。只有這樣，團隊才能達成共識。

2. 發現獲勝的場景。努力發現勝利的曙光，這一點適合所有團隊。

我在一九九九年參加國際大專辯論會時，到最後的決賽階段，每天都會想像我們站在領獎台上的樣子，然後全心投入比賽。

中國女排選手郎平在帶領女排打比賽時，每贏一個球都會為她們鼓掌，給大家加油，因為每一步都是一個小小的獲勝場景。

3. 一旦下定決心，就要堅持下去。這可以讓團隊專注於獲勝的方法，而把各種分歧拋在腦後。

4. 主動鼓勵積極、樂觀的對話。每個人都需要他人的鼓勵。

不僅是領導者，團隊中的每個成員都要保持樂觀的狀態，相互鼓勵。

平庸的公司裡，員工往往缺乏幹勁。領導每天盯著不愉快的事，糾正大家犯的錯誤：「你這怎麼又沒做好」、「我都跟你說了幾百遍了，不能這樣」……總結教訓沒問題，但一定要關注做得好的部分，並且鼓勵大家繼續獲勝。

## 策略4：打造熱中於學習和創新的「共好」文化

打造學習型團隊的步驟是：行動—反思行動的後果—累積沉澱經驗。但要做到卻不容易。

1. 「共好」（gung-ho）文化，這是中文的音譯。二戰期間，《時代》雜誌曾用中國士兵作為封面，褒揚他們富有戰鬥激情及合作精神，這就是「共好」文化。團隊成員可以公開討論事情的癥結，而不會有人遭到冷遇或報復。
2. 鼓勵創新，投資創新。Google員工不會「各人自掃門前雪」，他們甚至會越界去完成別人的工作，但對方也不會生氣。因為所有人的出發點都是把事情做得更好，這就是創意菁英的文化。
3. 在戰況最激烈的時候也要學習。戰況最激烈的時候，人們的情緒也會難以控制，這時候要學會說：「我想就剛才發生的事情稍微討論一下，謝謝！」大家一邊討論，一邊學習，一邊進步，只有抱著這樣的精神，團隊才能夠快速靈活地應對各種突發事故。

## 策略5：評估風險，願意駛進風暴

《危機領導力》的英文書名是「*Into the Storm*」（駛入風暴），如果不願意駛入風暴，永遠不可能成為冠軍。如果你在營運公司時，不願意面對未知的挑戰，不願意處理麻煩事，就永遠只能做一家普通的公司。敢為人先、積極開拓，就是駛入風暴。而駛入風暴的前提是明白什麼是要擔心的，如何減少風險，以及需要承擔哪些風險。

1. 知道自己會遇到什麼。要事先預計你會遇到什麼事情，並在真的遇到事情時，決定採取什麼辦法來把風險降到最低。
2. 不要錯估團隊的能力。並不是所有船都適合駛進風暴。
3. 在風暴來臨前，測試你的極限。

「莎揚娜拉號」沒有做過極限測試，當它遭遇幾十米高的「瘋狗浪」時，從浪上摔下來就像從高樓墜落一樣，而且速度快得多，所以當場斷成兩截，它的長度反而成為劣勢。而「午夜漫步者號」經過了充分的測試，成員很清楚每個人的極限和船的極限。

4. 留意周圍的情況。在行動的過程中不能掉以輕心，要時刻蒐集周圍的資料，不是簡單地獲取資訊，而是要求蒐集合適數量的資訊，分析資料，了解其含義，然後再根據分析結果行動。
5. 區分心理風險和統計風險。有些事看起來可怕，但只是我們的心理風險在作祟，統計風險才是實際的風險。

有的人不敢在陌生的海灘游泳，是因為聽說這裡有鯊魚會吃人；有的人害怕坐飛機，是因為聽說過慘烈的空難，所有乘客都未能倖免。但這些都屬於心理風險，其實鯊魚並不喜歡吃人肉，因空難而死亡的機率遠遠低於因汽車車禍而死亡的機率。

分清楚心理風險和統計風險，才能夠避免由於擔心心理風險而不駛入風暴區。

6. 拉上所有人，讓他們全力支持你的決定。

「午夜漫步者號」團隊在最絕望的時候，開會討論是否要退出比賽，每個人都需要表態，而所有人都想堅持下來。讓所有人都願意駛入風暴，你才擁有一個極具戰鬥力的團隊。

7. 浪頭高的時候要以六十度角航行。

當大浪打來，迎浪而上肯定會被打翻，這時候可以用六十度角慢慢往上走。在最艱難的時候，即便不能保持原來的速度前進，也要讓自己逐漸進步。

### 策略 6：保持聯絡，即便身處風暴中

在最困難的時候，溝通也會變得很困難，此時雜訊之大讓彼此間的對話也變得困難。

1. 了解你的隊友，以此調整你要傳達的資訊，培養個性化的溝通方式，並讓你的團隊熟悉它。

**2.** 警告甲板下的人大浪來了。不是每個人都在甲板上，都能看到大浪。告知甲板下的人大浪來了，他們會更有參與感。

在海上航行，需要換班休息，在帆船上操作的人，每次遇到大浪都會敲擊甲板，讓底下休息的人知道，好抓住周邊的固定物，以免受傷。經營公司也是一樣，並不是所有人都像老闆一樣站在甲板上，看得清航行的環境。如果公司遇到危機時，老闆不警告所有人，不與員工分享資訊，員工就會感覺自己被拋棄。

你可以培養團隊獨特的溝通方式，比如敲擊甲板。有的團隊，成員透過眼神傳遞就能明白彼此的意圖，這是一種配合的默契。

**3.** 向掌舵的人提供幫助。掌舵人很重要，他能把握帆船的航向，但他在專心掌舵時沒有精力關注所有的情況。每個人看到新的浪頭或發現船上的變化，都有責任把這些重要的資訊在第一時間傳遞給掌舵的人。

**4.** 情勢所迫，可打破常規。如果資訊真的重要，而雜訊又非常大，就需要打破常規來傳遞它。

## 策略7：填補空缺，找到共同掌舵的辦法

掌舵的人壓力很大，僅靠他一個人很難挺過困境，這時就需要大家提供補位的支援。

1. 尋找團隊中的空缺並填補上去，自動自發找到最需要你的地方。

2. 注意觀察自己和同伴的承受力，讓每個人不至於被壓垮。船長愛德駕駛帆船已經一天一夜都沒睡，他的弟弟強行讓哥哥到船艙裡休息，然後自己代替哥哥掌舵。因為他發現哥哥有些體力不支，如果再堅持，整個團隊都可能遭受滅頂之災。但是代替掌舵也需要足夠的能力和勇氣。

3. 在風暴襲來臨前，弄清楚成員的能力。平時多訓練、多了解，才能清楚成員的能力。知道彼此的能力和缺點，才能及時判斷是否要補缺和幫助。

4. 願意放手。對於每個領導者，放手都是最大的挑戰。作為船長的愛德放手讓弟弟掌舵，而自己回船艙休息也是出於對弟弟的信任。如果領導者永遠不放手，整個團隊想替補都沒有機會。

5. 做出貢獻有很多方式——小事也可以表現不凡。不是只有關鍵崗位才能做出貢獻，有時候一句簡單的鼓勵也會起很大作用。

我小的時候，對中國戰爭片《上甘嶺》中的一個片段印象深刻。女護理師王蘭是個開朗的女孩，她雖然不能上前線打仗，但是在後方救治傷患，打水、換藥、餵飯……不管多苦多累，都始終面帶笑容。她在山洞裡帶領大家唱歌，當「一條大河波浪寬」的歌聲唱出來後，在場幾乎所有人的眼睛裡都充滿了希望，再疲憊的戰士也變得充滿活力，再艱苦的環境也變得溫暖美好。

## 策略8：正視問題，應對前進中的障礙

能夠獲勝的船隻，絕不會長期存在衝突與合作問題，他們會在工作過程中有效消除這些問題。

1. 解決問題，不要抱怨。獲勝的隊伍會把精力放在分析問題和應對策略上，避免錯誤再次發生，而平庸的隊伍都把時間花在爭執、推諉和責備上。
2. 正視能力上的差別。能力有高低，大家需要坦然面對。能力不足要從對話開始，誠懇地談談成員的表現，然後訓練、教導、培養。實在不行的話，換崗位或辭退。
3. 數好螺栓，減輕船的重量。到最後，他們把船上能減少的螺栓都減少了，嚴格到每個細節，盡量讓船變得更輕，排除影響速度的因素。
4. 運用幽默消除緊張。在人們意識到情況的嚴重性時，如果同時還能維持輕鬆的氣氛，就可以讓團隊成員重新專注。

米克負責更換船帆，一共有三個絞盤，其中兩個都掉到海裡。大家嘲笑他：「肯定是你扔到海裡了。」總是拿這件事開玩笑。結果風暴肆虐時，他們在使用唯一的一個絞盤時，旁邊的

人打趣說：「米克，要不然把這個也扔下去好了。」大家哈哈一笑，生死關頭的緊張情緒就這樣緩解了。

## 策略9：適應力，掌握快速恢復的藝術

要想考驗一個團隊是否卓越，最重要的一個指標是看它從挫折中恢復的速度。心理學家一直想弄清楚為什麼有的人能把壓力轉換為動力，而有的人卻被壓力壓垮。他們做過一項測試，了解網球高手和普通選手的差別。他們給這兩類人裝上測量心跳的儀器，網球高手在擊完球後撿球回到底線的這幾步路程中，心跳就恢復到了正常狀態，而普通選手心跳速度沒有什麼變化。頂尖的高手能夠快速恢復，頂尖的團隊也一樣。

增強適應性的方法有：

**1.** 把問題看成正常事件。

**2.** 冷靜地從挫折中恢復。好的團隊，幾分鐘就能恢復正常。

**3.** 以恢復用時來衡量成敗。恢復正常所需的時間是判斷表現好壞的關鍵指標。

**4.** 別把船開壞。避免矯枉過正，恢復需要速度，但也要仔細控管，不能把船弄壞了。

## 策略10：永不放棄，總有別的出路

危機中每個人都可能會有放棄的念頭，讓一個人堅持下去也許不難，但讓一個團隊堅持下去就非常困難了。

「午夜漫步者號」做的最壞打算就是實在不行就朝海岸開，但不到最後一刻他們是不會做這個決定的，他們甚至認為往海岸開還不如就往前一直開。只要朝著你的目標方向，不停尋找解決方案，總有一刻會找到合適的方案。

歷史上，柳暗花明的情況太多了：眼看就要輸了，突然對方起了內鬨，或者來了一場天災，甚至刮場大風也能改變格局。

所以，沒到最後一刻，就一定堅信：總有辦法！總有出路！一定可以堅持下去！

## 結語

雖然，極少有企業會讓員工處於如同「AFR午夜漫步者號」這樣充滿生命危險的境地，但事實上，危機的本質是一樣的，只不過少了生命的威脅，卻宛如溫水煮青蛙，有多少企業就這樣在危機中「壯烈犧牲」。因此，《危機領導力》是一本在主題上未雨綢繆的書，而作者提供的建議更是適合所有企業的任何時刻，因為所有的危機都有預警和徵兆，倘若在其萌芽時就能堅持這些方法，何至於「企毀人去」！

## 帶團隊走出困境的十大策略

1. 讓團隊成為明星
2. 不給失敗留任何藉口
3. 適度樂觀，發現並關注獲勝的場景
4. 打造熱中於學習和創新的「共好」文化
5. 評估風險，願意駛進風暴
6. 保持聯絡，即便身處風暴中
7. 填補空缺，找到共同掌舵的辦法
8. 正視問題，應對前進中的障礙
9. 適應力，掌握快速恢復的藝術
10. 永不放棄，總有別的出路

# 第 5 章

# 持續創新 才能走得更遠

只有真正從客戶角度出發，
才能做出
讓人尖叫的產品。

# 12 一 培養你的商業思維

創新就是發掘一個自己已有的能力，即打開心房，與他人建立連結。

——戴夫．帕特奈克（Dev Patnaik）

推薦閱讀：《誰說商業直覺是天生的》（*Wired to Care*）

## 引言

在生活中，我們常會因為某個產品眼睛為之一亮，在你為它的創意按讚的時候，肯定想知道那個打動你的創意是怎麼想出來的。為什麼這些人就那麼有商業頭腦呢？為什麼我們就想不到、做不到呢？難道他們天生就有敏銳的商業直覺？其實不然，商業直覺是可以透過一系列訓練獲得的，而《誰說商業直覺是天生的》就是一本訓練商業直覺的書。它雖然不是打開所有大門的金鑰匙，但至少為我們提供了一扇窗，透進一縷創意的陽光。

如果說哪種動物最「通人性」，恐怕非狗莫屬了。有人把貓、倉鼠當寵物養，也有人喜愛其他動物，比如大象、老虎、蜥蜴，甚至蛇，但是為什麼只有狗被稱為「人類最忠實的朋友」呢？這其實還有生物學方面的原因。人的大腦分為三個部分：其一是爬蟲腦，負責我們最基本的生命活動，比如呼吸、行走，幾乎所有動物都有；其二是皮質腦，這是人類進化得到的，負責理性分析和認知功能，比如邏輯、推理、科學、算數等；其三是哺乳腦，負責情緒關懷的部分。狗的皮質腦很不發達，但牠的哺乳腦卻與人類的一樣靈敏，你的情緒如何，牠馬上就能感知到。我們常聽養狗的朋友說，狗能理解他，會陪他哭、陪他笑，就是因為狗具備一種重要的能力——共感，這種能力使牠成為最受人類歡迎的動物之一。

如果一個人具備共感的能力，他便會打開「心」房，站在他人的角度思考問題。他會站在客戶、供應商、領導或下屬的角度思考，他會與別人，特別是客戶建立起深刻的連結。敏銳的感知能力、深刻的理解能力、真正為他人著想的關懷能力，都是好創意之源。當你在為別人精妙的創意按讚時，是否發現這些創意就是站在你的立場上想出來的？

《誰說商業直覺是天生的》名義上是一本商業書，但是它可以解決與商人、教育家、設計師、行銷人員、運動員、政策制定者等相關的很多問題。這本書的主要內容，就是探討共感是如何發生的。

## 你與真實世界脫節了嗎？

### 你關注的是客戶的真正需求嗎？

你有沒有碰到過這樣的情況，你迷路了，拿出地圖，卻發現還是找不到高？因為這地圖太麻煩了，大路小路、河道橋梁，全都標上了。二十世紀初的倫敦市民經常在錯綜複雜的地鐵裡迷路，地鐵管理單位推出了一套非常嚴謹的地圖，這套地圖很精確。你打開一張地圖，想找一條地鐵線路，結果發現它們都隱藏在地面道路之下，地鐵站名和公路名重疊在一起，根本找不到。

後來，一位二十九歲的地鐵職工哈利．貝克（Henry Beck）發現了問題，他在一個很小的筆記本上，用寥寥數筆就將整個倫敦地鐵簡化成一幅看似幼稚的路線圖。其實，人們根本不想知道地鐵跟上面道路的精確關係，站與站之間到底有多長，只需要知道怎麼從這一站到下一站，找到地鐵站大致的位置就行。於是，就有了我們沿用到現在的地鐵路線圖：直線、斜線、環線、換乘，很快就搞定了，就是這麼簡單。

我們做的產品，是否考慮了客戶的真正需求呢？我們是不是也為客戶畫了一張非常科學和精確的複雜地圖，把客戶搞暈了呢？這下你是不是想明白了，為什麼工程師提出來的創意總是增加成本卻不見得有客戶買單呢？

我們做讀書會的時候，也經歷了無數次這樣的改革。**每當我們設計一個新的產品和功能時，我們都捫心自問：客戶真的需要嗎？這是否會讓他們體驗更好呢？只有真正從客戶角度出發，才能做出讓人尖叫的產品。**

## 你關注到了所有的客戶嗎？

一九五三年，巴西的咖啡種植基地發生了一場嚴重的寒霜，導致阿拉比卡（Arabica）優質咖啡豆嚴重減產，產量的減少導致價格飆漲。於是，麥斯威爾公司（Maxwell）就在咖啡中混入了一種口感較差但成本較低的羅布斯塔（Robusta）咖啡豆，他們覺得消費者不一定能喝得出來。起先，他們只摻一點點，比如一〇%的羅布斯塔，加上九〇%的阿拉比卡，磨成粉末混在一起，然後請人來品嘗：「你們嘗一下，看看這個味道怎麼樣。」結果大部分人都覺得和原來的沒什麼差別。

到了第二年，他們提高了羅布斯塔的比例，從一〇%到一五%，再到二〇%。慢慢地，越摻越多，直到一九六四年，他們在十一年中每年都在不斷提高便宜咖啡豆的比例。然而，銷量非但沒有降低，反而還不斷提升，所以麥斯威爾覺得這應該沒問題。到了一九六四年，他們的咖啡銷量突然大幅下滑，麥斯威爾嚇壞了，立刻組織調查。結果發現，是因為新一代年輕人長大了，他們拒絕喝這種難喝的咖啡。

用這種逐步摻水的方法，的確讓那些老顧客渾然未覺，但新顧客就不一樣了，品質一差，新顧客根本不肯賞。新一代喝咖啡的人根本不能忍受這種咖啡的味道。直到星巴克CEO霍華・舒茲（Howard Schultz）在造訪義大利時發現了真正好喝的高品質咖啡，他的星巴克一躍成了全球名企業，從此咖啡業才出現了細分。麥斯威爾等咖啡公司也開始重新供應高品質的阿拉比卡咖啡，從而又一次贏得了年輕消費群體的青睞。

麥斯威爾的失誤就在於只關注老顧客，而忽視了潛在客戶，這樣可能會損失大片陣地。所以，要關注所有客戶的感受，這樣才能得到長久的發展。

## 現實的感觸比邏輯分析更有說服力

在一九九八年之前，迪士尼樂園沒有動物王國，也沒有真的動物，只有卡通人物。有一個叫羅德（Joe Rohde）的旅行家，他建議迪士尼創立一座荒野冒險樂園。旅客和動物近距離接觸，將給人帶來一種神奇、逼真的體驗。迪士尼當時的總裁艾斯納（Michael Eisner）很懷疑：「牠們只不過是動物，能玩出什麼花樣？」他認為有米老鼠、唐老鴨這些卡通人物就夠了，相比動物，幻想的世界更有趣。羅德發現自己並不能說服他，因為艾斯納是個很成功的人，他會習慣沉浸在自己的想法中。

於是，羅德請來了一位馴獸師，和馴獸師一起來的還有一隻活生生的孟加拉虎，比桌子還長。這隻老虎一走進總裁辦公室，整個屋子的氣氛都凝固了。屋裡闖進一隻大型犬，我們可能都會被嚇得要命，更何況是一隻老虎。但令人吃驚的是，這隻老虎慢慢走到艾斯納身邊，用頭在艾斯納身上蹭來蹭去。瞬間，艾斯納就被打動了，當即表態要辦一座動物王國。因為他體會到，真實的動物帶給人的感受和卡通形象是完全不一樣的。於是，迪士尼樂園才出現了真實的動物王國。

**冰冷的資料和邏輯分析有時很難打敗固有的觀念，你需要讓決策者在現實感性的世界裡震撼一下，他才會切身感受到事實的美妙。**

你想要知道自己的想法有沒有與真實世界脫節的時候，需要從三個方面來考慮：

・我們是站在自己的角度，還是站在客戶的角度思考？
・我們有沒有關注到所有客戶的需求？
・我們有沒有用合適的方法把它表達出來？有沒有觸動客戶的感受？

## 培養共感的意識

### 你是為自己設計，還是為顧客設計

黏土塑形練習

戴夫・帕特奈克在史丹佛大學教授了一門「發現需求」的課程，就是讓學生做角色扮演，體會客戶的感受。比如，扮演漁夫、殘障人士、電影明星，甚至異性，總之是一個與你完全不一樣的人，去體會不同的人群有什麼特別的需求。課程安排了一個黏土練習的環節，要求每位學生和他最要好的朋友組成一對，為對方做一個餐具，幫助他吃到最喜歡的食物。

通常我們都會問好朋友：「你愛吃什麼？」

「比薩。」

「你喜歡什麼樣的比薩？是芝士口味的，還是夏威夷口味的？要不要捲邊？平常喜歡吃鐵盤的還是木盤的？尺寸有多大……」

我們可能會做一個對方喜歡吃的食物的模型，再做餐具，然後徵求對方的意見。經過多次修改討論，一般來說做出來的餐具往往是好朋友最喜歡的。

還有一種人，不太愛討論，他們會根據自己的想像做出一個特別漂亮的、有藝術感的、精美的比薩刀或盤子，但對方可能根本就不需要。

記得有個典型的案例，一位同學說自己愛吃烤雞，他的搭檔做了一整套吃烤雞的工具給他，結果你猜他看到後是什麼反應？他聳聳肩說：「哦，我更喜歡用手扒著吃。」其實，他想要的只是一副簡單的手套而已。如果你能跟客戶多聊聊天，就會發現這個人的習慣、背景、興趣，以及對產品的需求，然後才能找出他真正需要的東西。

這個黏土塑形練習讓所有參與者都印象深刻，他們會**記住自己的工作是為誰而做的**。

當面付

支付寶和微信支付有一個類似的功能——當面付，根本不需要加對方為好友，就可以順利完成轉帳。比如，支付給送餐的外送員，支付給商家，支付給攤販老闆……如果每個人付錢時都要加好友，估計你的好友數量早就爆滿了，而且你還會覺得不安全或不舒服：每天朋友圈都被陌生人圍觀，心裡總會彆扭。當面付就沒有這個問題，對方出示 QR Code，一掃描，錢就轉過去了，就這麼簡單。

如果不是站在客戶的角度思考，怎麼才能讓客戶感到安全、方便？怎麼會想到當面付這種功能呢？

## 複雜的遙控器按鍵

這裡還有一個負面案例——電視遙控器。你有沒有發覺電視遙控器是一個非常奇怪的東西？上面密密麻麻設置了那麼多按鍵，但幾乎用不到。常用的就只有開關鍵、頻道鍵、音量鍵，其他很多寫著字母的按鍵我到現在都沒搞明白是幹什麼用的。最有意思的是，遙控器上最大的鍵是一個交互按鈕，當你按鍵進入付費介面時，有線電視公司就有機會賺到錢。他們的邏輯是，能帶來效益的，就設計得大一點，而最常用的開關鍵、頻道鍵都很小，因為它們無法創造效益。所以電視遙控器是一個「反人類」的設計，是站在商家的角度而不是客戶的角度來設計的。相反，iPhone 的設計就簡單多了——只有一個鍵，需要什麼點擊螢幕就可以了。

## 不斷捕獲顧客的需求

### 1. 四百年的知音銅鈸公司

美國有一家製作銅鈸（通常指爵士鼓中用的鈸，絕大多數以銅為主的合金製作）的知音公司，最早可追溯到一六一八年土耳其的伊斯坦堡市郊，一個年輕的鍊金術士嘗試把便宜的金屬煉成黃金，卻提煉出銅、錫、銀的合金。這種合金具有非常好的彈性，而且聲音異常好聽。於是，他將合金做成了銅鈸，獻給奧斯曼帝國的「蘇丹」。國王很喜歡，給他的家族賜姓「知音」（Zildjian，意為鈸匠），並成為第一代銅鈸的客戶。

猜猜鈸在皇室的主要用途是什麼？打仗。打仗的時候，只要一敲鈸，它的充滿爆發力和洪亮的聲音不僅能嚇倒敵人，還能鼓舞士氣，就像我們古代擂鼓助威一樣。後來，莫札特第一次把鈸用在了交響樂當中。從他開始，鈸的用處就從皇室、國王和軍隊，轉向了音樂界。

二十世紀初，土耳其人大肆驅趕亞美尼亞人，知音公司幾經輾轉來到波士頓。他們依然保留了「知音」這個名字，因為「知音」二字是當年國王賜給他們家族的名字。這時的公司繼承人艾芙迪三世（Avedis Zidjian III）發現搖滾樂開始興起，他與那些頂級的爵士鼓手成為朋友，觀察他們的演出，與他們交談，甚至自己加入樂隊，當音樂人。他以這個單一的鈸為起點，最終開發出一系列成功的銅鈸，如碎音鈸、疊音鈸、泥漿音鈸、嘻哈音鈸……而他的兒子阿爾芒（Armand）

在製鈸之餘，自己也成了一名鼓手，他更了解鼓手和音樂，還專門設立了鼓手獎。知音銅鈸這家歷時四百餘年的神奇公司，從來就不是僅僅依靠自己單一的鍊金祕方來取勝的，他們與國王、軍隊、交響樂、爵士樂、鼓手、新銳音樂家的連結從未間斷。他們的商業直覺來源於他們永遠和客戶在一起，不斷探索客戶的需求。

## 客戶體驗師

我認識一個心理學專業的年輕人，在校時就發表了一篇收錄在「科學期刊引用文獻資料庫」（SCI）的文章，比許多教授的水準還要高。他畢業後進入中國叫車平台「易到用車」做客戶體驗師，專門負責提升客戶的體驗。

我和他聊天：「你每天都做些什麼呢？」

「我每天就是叫車，不停叫車，坐車體驗，尋找任何一點可以改進的地方。除了這個，我們也用手機接單，體會接單司機的感受。」

我試了試發現，他們的叫車軟體還真的滿好用的，設計得很人性化，時刻都能讓用戶感受到設計者的貼心。很多公司的產品經理是不是應該反思一下，有沒有真正考慮用戶的體驗，還是做出了一個自嗨的產品，直接推給客戶？

## 切忌閉門造車

### 微軟 Xbox 逆襲索尼 PSP

微軟的 Xbox 剛開始上市時沒有太好的市場表現，因為太複雜了，一般人很難上手，而 PS1 很簡單，裝個手把就可以玩，所以把 Xbox 遠遠地甩在後頭。一九九九年，索尼的 PS2 上市了，它採用了新的系統，操作起來非常不方便，還要占用大量的記憶體，加重了玩家的負擔。設計這個遊戲機的人，可能希望把自己最美好的想法全部都呈現出來，這個時候他就會忽略玩家的感受，讓玩家覺得每一次玩都很費勁。Xbox 新上任的產品經理謝默斯（Seamus Blackley）看到了機會，他重新設計了更簡潔的 Xbox，上市後成功超越了 PS3 的銷量，一舉打破了 PSP 一統天下的局面。他們的下一代 Xbox360 是 PS3 銷量的兩倍。

玩家和開發者之間的共感連結是 Xbox 獲得成功的關鍵因素，當開發者也是遊戲愛好者時，他們就很容易抓住競爭對手的痛點。

### 克林頓的競選策略

如果沒有陸文斯基事件（Clinton–Lewinsky scandal），克林頓也許能夠躋身美國總統的前五位，當然這是後話。一九九二年的美國大選中，沒有多少人看好這位來自阿肯色州的年輕州長。

他是位遺腹子，跟一位暴躁、嗜酒的繼父生活長大，沒有什麼背景，完全是從底層一點點打拚上來的。這種底層人的成長經歷顯然要比老布希（Bush Senior）那種政治菁英世家更容易贏得普通選民的共感。當老布希關注上流社會的施政方案時，克林頓的競選團隊敏銳地察覺到勞動階層將會在一九九二年的經濟危機後不堪重負，轉而關注教育補助、稅收減免和醫療改革，他們喊出了「關鍵是經濟」的一句話主題。不管在任何場合與老布希辯論，他們永遠都只關注經濟問題。當老布希提出了絢麗的政策建議時，克林頓質問道：「你說得那麼好聽，民眾的生活改善了嗎？稅收減少了嗎？失業率有沒有下降？通貨膨脹有沒有得到遏制……」

最後，當然是克林頓成功了。值得一提的是，小布希（Bush Junior）明顯吸取了他老爸的教訓，而大談他就像位鄰家大哥的成長經歷。親民、共感就成了歷屆美國總統選舉的法寶。

人們為什麼投你一票？不是因為你看起來多麼勝任這個工作，而是因為你看起來是他們這邊的人，能夠理解他們。

切忌閉門造車。你所要提供的產品，不應該是脫離群眾，而應該接地氣；不應該和消費者幾乎無關，而應該是經過和最需要關注的消費者進行深入溝通後做出的。

## 掌握共感的技巧

### 穿別人的鞋走路，抓住「顧客的感覺」

穿別人的鞋走路，是一個非常有效的感知顧客需求的方法。IDEO公司是一家全球頂尖的設計顧問公司，幫助美國多數知名企業解決產品設計問題。比如，怎麼設計迪士尼樂園裡的道路；怎麼解決寶潔牙膏蓋是擰開還是掰開的問題；幫蘋果公司設計iPad；幫沃爾瑪公司設計手推車……IDEO公司的總經理湯姆．凱利（Tom Kelley）在任何的公開演講中，永遠強調一件事：客戶洞察。必須站在客戶的角度，觸動客戶的靈魂，然後和客戶一同思考，這才是有效的創新方法。

有一次，湯姆．凱利在波蘭演講，一個波蘭人激動地跑來跟他說：「我要謝謝你，你對我的幫助太大了。」原來這個人是在火車站賣冷飲的，他聽湯姆．凱利在演講中說要觀察消費者，於是站在月台上觀察那些趕火車的人。他發現，那些趕火車的人在走到火車車廂門口的時候，都會轉頭看一眼冷飲車，這就代表他們想買冷飲，但是他們的下一個動作就是看錶，看完錶之後就轉身上車走了。其實，明明還有時間，他們怎麼就不買呢？因為人們有一個習慣：在沒辦法做出準確的決策時，他們傾向於不決策。也就是說，趕火車的人並不知道錶準不準，也不知道這一兩分鐘夠不夠買冷飲，萬一趕不上火車怎麼辦？在這種情況下，他們寧願不買冷飲。

這個賣冷飲的人想到一個辦法，在冷飲車前掛一個鐘。這樣一來，所有走到車廂門口的人轉頭一看，不僅會看到他的冷飲車，還會看到車前的鐘。在這個過程中，他們的眼睛是不會從產品上離開的，這樣成交率就會提高很多。這些趕火車的人會從容地走過來，他甚至可以清楚地看到還差多少秒。這時，他們通常都會買完東西再上車。就是這樣一個簡單、便宜的改進，讓他的銷量提升了一〇〇％。

ＩＤＥＯ公司曾幫忙設計過一款嬰兒車。這家公司的嬰兒車銷量慘澹，於是請來ＩＤＥＯ公司幫他們測試。ＩＤＥＯ的測試辦法很簡單：他們把一個工程師塞進嬰兒車裡，推著上街。兩週之後，這個工程師寫了一份報告：「第一，看不到媽媽。我覺得很生氣、很焦慮，我不知道媽媽在哪兒。第二，我周圍全是腳。因為太低了，所以我只能看到周圍的腳，我身邊都是踢起來的灰塵。第三，我很沒有安全感。因為我總是衝在最前面，萬一出什麼事，他們跑了我也沒有辦法。」成年人的這些感覺，嬰兒也會有，只是他們沒有辦法表達，這可能就是很多嬰兒不愛坐嬰兒車的原因。

你能夠體會到嬰兒的心理時，再做出改變就容易得多了：調高，轉掉方向。嬰兒坐在經過改造的嬰兒車裡，有更廣闊的視野，可以和媽媽說話。高度增加後，下方空間還可以用來放東西。現在很多嬰兒車都是這樣設計的，這種改變就源於有效的客戶體驗。你穿上別人的鞋，才會感同身受，才可能做出別人需要的產品。

湯姆·凱利還做過輪椅體驗的測試。他發現坐輪椅之後，自己的手幾乎每天都是髒的。如果想吃東西，就只能用嘴叼著，而且永遠坐得比別人低，就好像別人生活在社會的上層，而自己生活在社會底層，隨時都會被社會遺忘。

北京有一家黑暗餐廳，顧名思義，就是這家餐廳有一個用餐區完全處於黑暗的環境中，讓你可以充分體驗盲人的生活。但凡去體驗過的人都反映，重見光明的一刻都覺得生活是多麼美好，而更多人會用心去幫助盲人做一些力所能及的事。

很多人一生都學不會站在別人的角度去看問題，穿別人的鞋子走路，不僅僅是把自己放在對方的立場，還要去體會對方的心。你全心全意地扮演一個完全不同的角色時，才能真正體驗共感。

## 注入情感，找到打動客戶的瞬間

大道理永遠都說服不了人，只會讓人心生厭煩。只有讓對方切身感受，比如讓迪士尼總裁艾斯納被老虎驚嚇後又感受到老虎的溫馴，他才會明白建立一個真的動物王國是多麼重要。

賓士公司曾擔心他們對美國年輕人缺乏了解而失去市場，於是組織了一個團隊前往美國考察。座談組織者邀請了十位來自舊金山灣區、二十來歲的富裕青年與賓士團隊會面。座談結束後，組織者要求賓士團隊的人用五十美元為每個志願者買一件禮物，來測試他們對志願者的了解程度。但結果大相徑庭，竟然有人為舊金山本地人買了觀光紀念品；有人買了紅色腰包，但志願者根本不喜歡；也有非常成功的，比如為一位準備創業的年輕人買了一本有關創業精神的書。賓士的這次考察非常成功，比起一份有理有據的報告，這樣的切身體驗更讓他們難以忘懷。

我很喜歡的品牌萊雅（L'Oréal）有一句令人印象深刻的廣告語：「你值得擁有。」這句話在男性聽來可能覺得很矯情，但為什麼會贏得那麼多女性的認同呢？因為它說出了渴望追求美好的女人心聲。這就是創造價值觀的認同，當一個品牌能夠用價值觀來統領一群女人的時候，這些女性用戶就會對它極度忠誠。百達翡麗（Patek Philippe）的廣告語也極具特色：「從來沒有人真正擁有過百達翡麗，我們只是為下一代保管。」這是一種對不同人群的說服，一想到應該為下一代買一個百達翡麗，就覺得自己應該先買一塊戴戴。

**站在對方的角度說出他的情感訴求，這才是有效溝通的方法。**如果不能有效溝通，你的商業直覺就只是一個產品，而沒法說服別人。

## 兩個世界的交集：讓客戶參與設計

山姆（Sam Farber）和貝西（Betsey）是一家廚具家族企業的繼承人，也都是烹飪愛好者，但貝西因為患了輕微關節炎，所以很難自如地使用削皮刀，這讓她分外沮喪。於是他們找到了設計師帕蒂（Patricia Moore），這勾起了帕蒂童年時的一件痛苦往事。她小時候最喜歡和奶奶一起準備週末晚餐，但有次她的奶奶竟然連冰箱的門也打不開，後來很快就去世了。奶奶的哭聲留在了她的記憶中，揮之不去，那種對生活的無奈激勵她要為老年群體找回自尊和自主。

他們開始做大量的調查，觀察關節炎患者掙扎著使用廚具的情況，並且戴上手套、綁上手腕做飯，體驗那種手不聽使喚的滋味。他們最後發現，最有待改進的部位就是廚具的把手。他們把細長溼滑的把手改成了橢圓形粗大的橡膠把手，這樣不容易變形、轉動。山姆和貝西成立了一家新公司——OXO，並將這種把手裝到了十五種不同的廚具上，最終大獲成功。

OXO起源於創辦人貝西的需要，這種顧客和老闆的身分是非常有效的創新來源。設計師運用共感技術，一下子就找到了問題所在，設計了一個很棒的產品，重要的是這種產品普通人也喜歡用，從而開闢了廚具的藍海市場。

# 打造企業與員工的共感

## 開卷管理法

美國國際收割機公司（International Harvester）是農機、施工設備和大卡車的龍頭企業，旗下有一個專門進行機械翻新的春田工廠，這間工廠曾經一度陷入困境。一九八二年，斯塔克（Jack Stack）和他的夥伴籌錢買下了該工廠，新廠長斯塔克上任後，發現員工士氣嚴重不足，於是推行了一種開卷管理法。他把每個月的財務報表都貼在牆上，要求員工從主管的角度來思考問題：假如你是廠長，你看到這樣的財務報表，會怎麼改進？他邀請了大量員工參與公司的管理，讓他們提意見、分析財務報表。員工看到了自己的效率提升、材料的節約對公司盈利的明顯影響，工作熱情高漲，公司的整體營運效率也大幅提升。前三年公司銷量每年成長四〇%，每股股價從十美分飆升至八·四五美元。

開卷管理法之所以有效，是因為它能凝聚人心，讓員工與公司整體產生共感，同仇敵愾。事實上，我們推崇的企業執行力正是來自所有員工做出的決策，而絕不僅僅是企業策略。其中的關鍵，是要讓所有員工能夠對企業策略產生共感。

## 幸福酒店實驗

舊金山幸福生活連鎖酒店（Joie de Vivre Hospitality）在旅客中享有盛譽，而這與其創辦人康利（Chip Conley）的一次實驗大有關係。康利的理想酒店是可以給旅客帶來真正關懷的酒店，但是員工總是想偷懶，而且流動率很高，高薪政策又會產生昂貴的客房費用。他苦口婆心地跟員工說過很多回，但總是不見效，於是乾脆做個試驗。他對員工說：「未來兩天內，你們想偷懶就偷懶吧。你們用自己喜歡的方式來工作吧，只要你們能過得去就行。」員工果然能偷懶就偷懶，能不打掃就不打掃，被子看著還乾淨也不重新疊了……不出所料，所有的顧客都在抱怨服務太差，讓他們難以忍受。他們給的小費少了，也不說「謝謝」了，態度一百八十度大轉彎，甚至會因為不滿跟員工大吵。員工終於意識到自己工作的重要性，他們達成共識，開始努力認真服務，糾正每一個細節。

我們都希望能擁有一份好工作，給自己和家人帶來美好的未來，但同時我們也渴望追求工作本身的意義。**而與顧客產生共感和連結，能讓員工有一種內在的動力，激勵他們將工作變為事業。**

## 耐吉的隨機應變

共感也要有隨機應變的能力，因為**共感最大的敵人就是頑固不變。**

耐吉（Nike）鞋最初的成功來自其「專業運動」的定位，曾經一度風靡校園。但二十世紀末，耐吉銷量大幅下滑，設計師大衛（David Schechter）去大學校園觀察時發現，美國大學生們都喜歡穿著極其寬鬆的牛仔褲，然後配雙馬丁鞋。馬丁鞋雖然笨重、不好看，但跟褲子很搭。這下大衛找到原因了，除非你將鞋子設計得極其花哨、鮮豔，否則再專業的鞋子也會被褲子蓋住。

耐吉於是開始改進，設計出更多的花樣和顏色。這就使它的款式增多，每款鞋子一般有十三個標準尺碼，款式一多，庫存就大量增加。這下經銷商不做了，他們根本不願意為一款類似的鞋耗費太多的庫存空間。耐吉隨機應變，轉而去研究材料。他們找到了一種高彈性材料，腳小的人穿上會收縮，腳大的人穿上後會擴張一點。一雙鞋子可以覆蓋三個尺碼，以前需要十三個尺碼，現在五個就夠了。這樣一來，既滿足了經銷商的要求，又迎合了年輕人的品味。這款產品一推出，就火爆全球，從而也幫助耐吉再度占領校園。

這是一個非常經典的商業創新案例，設計師大衛與顧客、老闆、經銷商三類不同人群成功共感，並且隨機應變，最終找到了完美的解決方案。

## 結語

要想擁有敏銳的商業直覺，首先要具備共感的能力。共感就是站在別人的立場上考慮問題，人類借此與他人交往。而企業一旦學會了這種能力，就能與顧客建立更緊密的連結。他們能更容易地理解顧客、發現新需求，而不是根據一個漂亮 PPT 上一堆枯燥的資料做出錯誤的決策。

創新已經變成這個時代企業發展必備的能力，很多有夢想的人也許最困惑的問題就是：「創新從哪兒來？為什麼那麼多優秀的公司能抓住行業的痛點，而我卻想不出？為什麼看到別人的創意拍案叫絕，而我就是想不到？」《誰說商業直覺是天生的》為你們提供了一個途徑——學會共感。

真正在生活中修煉共感並不是一件容易的事情。

首先，你需要有共感的意識。你可以嘗試一下書中建議的「換位練習」，扮演一個自己最陌生、最敵對的角色去體驗。這樣在你最需要共感的時候，不至於麻木得像一塊木頭。

其次，你需要掌握一些共感的技巧。比如，設計師帕蒂將自己扮成一個老太太，湯姆·凱利給自己找了把輪椅，這是實打實的體驗，而不是你想像一下、讀讀書就能做到的。

最後，你可以幫你的同事、員工學會共感，讓他們意識到自己的工作的重要意義。這種激勵法長效而實惠，你所需要做的就是讓他們像你一樣能體會到顧客在想什麼。

# 13 從0到1的創業之路

我們必須如同古人第一眼看到這個世界一樣，對這個世界保持著好奇心，我們才能重構世界，守護未來。

——彼得・提爾（Peter Thiel）

推薦閱讀：《從0到1》（*Zero to One*）

## 引言

彼得・提爾是PayPal的創辦人，PayPal在美國相當於中國的支付寶，也就是說，彼得・提爾在一九九九年就改變了整個人類的支付習慣，只要你有電子郵件，你就可以用美元支付。之後，彼得·提爾把PayPal賣給了eBay，成立了自己的投資基金。他投資了哪些公司呢？第一家有名的公司就是Facebook，僅僅這一家公司的獲利就有上萬倍，他還投資了SpaceX、Yelp、YouTube……他投資的Palantir軟體公司甚至幫助美國政府對抗恐怖分子。彼得的團隊成員被稱作「PayPal黑幫」（PayPal Mafia），特斯拉（Tesla）創辦人伊隆·馬斯克（Elon Musk）就是成員之一。

彼得·提爾每次面試員工時，都會問對方一個問題：「有哪些事，你跟別人的看法不一樣？」有人會說「我們的教育體制存在弊端」、「美國是非凡的」、「世界上不存在上帝」，這些回答都不好，因為已經有很多人表示贊同了，並不是新的看法。彼得·提爾想聽到這樣的回答：「大多數人都相信×，而事實是×的反面。」他希望找到這樣的人，來組建他的團隊。

彼得·提爾寫的《從0到1》是一本從哲學高度讓人們重新認識創業的著作。如果創業者能夠認真學習，會少走很多彎路，書中的創業理念可以幫你規避很多風險。

## 什麼是「從0到1」？

人類歷史的發展分為兩種：水平進步和垂直進步。水平進步就是從*1*到*n*，比如開連鎖店；

垂直進步就是從無到有、從0到1，比如新開一家店。概括起來，從*1*到*n*，最典型的就是全球化；從0到1，最簡單的就是科技創新。燈泡、蒸汽機、網路、行動網路、物聯網、3D印表機……這些都是從0到1，以前沒有的東西被創造出來之後，整個市場的格局都可能發生變化。

第一次世界大戰前的一百年，也就是一八一五年到一九一四年，是科技全球化的時代。那時候既有工業革命，又有大量的人員流動，所以是科技和全球化同步發展的一個黃金時期。一九一五年到一九七一年戰亂時期，科技在快速發展，但是全球化處於停滯狀態。因為戰爭，國家和國家之間保持敵對的關係。直到一九七一年美國國務卿季辛吉（Henry Kissinger）訪華這一事件楷模發生，全球化才開始慢慢復甦。彼得．提爾認為，那段戰爭時期是人類科技發展最快的時候，我們現在用到的很多產品都是戰爭時期的軍用品改進後留下來的。

一九七一年至今，全球化加劇，社會貿易不斷發展，「你中有我、我中有你」的格局逐漸出現，但是科技幾乎處於停滯狀態。有人也許會反駁，這一階段的科技發展主要發生在資訊領域，但是除此之外，比如生物領域就沒有什麼突破性的進展。科技方面從0到1的突破還不夠多，而全球化會造成汙染和能源危機。如果全世界還在用一種舊方法創造財富，那將會成為災難，丟掉科技創新的全球化不會長久。

## 在潮流中保持獨立思考

一九九九年到二〇〇〇年，我們完全沉浸在網路的世界裡。那時候的北京中關村，到處都是網路公司，人們隨隨便便的一個創新點子就能夠吸引大把的投資人，然後開一家網路公司。美國的情況更瘋狂，那斯達克（NASDAQ）指數狂飆不止，一直飆升，然後暴跌，這段短暫的網路熱潮，背景是一個潰敗無序的世界。二〇〇〇年三月，彼得．提爾剛完成了一輪重要的融資，網路泡沫就破滅了。

遭受矽谷劫難的企業家總結了四點經驗，直到今天依然被人們信奉：

**1. 循序漸進**。不能沉溺在宏大的願景中，小幅循序漸進的成長是安全前進的唯一道路。

**2. 保持精簡和靈活性**。不要事先做太多的規劃。你應該做些嘗試，反覆實踐，隨時保持改變和靈活性。

**3. 在改進中競爭**。不要貿然創造一個新市場，要在已有的市場上分割資源，爭取更多的資源。創造一個新市場成本很高，風險太大了。

**4. 專注於產品**，而非行銷。如果你的產品還需要用廣告來推銷，那就說明你的產品還不夠好。

雖然人們普遍信奉這四條結論，但是彼得．提爾認為它們的反面可能更正確：

1. **大膽嘗試勝過平庸保守**。如果你能突然給出一個顛覆性的產品，會勝過循序漸進的平庸保守。比如汽車領域，Google 一開始研究的就是無人駕駛汽車。它沒有在改善人的駕駛能力上再下功夫，也沒有去研究如何提高安全性，這才是顛覆性的創造。特斯拉沒有像豐田那樣循序漸進，先做油電混合。它直奔電動汽車，這就叫作大膽嘗試。
2. **壞計畫好過沒計畫**。就算現在的計畫是壞的，後來也有可能被改好，但是至少要有一個計畫，沒有計畫就會像無頭蒼蠅一樣。所以無論時間長短，一定要給自己制訂一個計畫。
3. **競爭市場很難賺到錢**。最好不要參與競爭，要想辦法做一個壟斷的企業避開競爭。
4. **行銷和產品同樣重要**。再好的產品，都一定要想辦法透過行銷手段讓更多人知道。

PayPal 剛起步時，他們這樣設計：只要你把 PayPal 的帳號分享給你的一個朋友，就會獲得十美元的獎勵。這意味著彼得．提爾是以每位用戶十美元的價格，購買了初期的幾千位客戶，當有了這幾千位客戶之後，才慢慢實現了成長。他為推廣花費了一百多萬美元，這才獲得了初期會員的到來。如果你不下功夫推廣的話，根本就做不出基數，沒有基數，又怎麼會有後面的指數型成長呢？

彼得・提爾說：「你一定要記住，最反主流的行動，不是抵制潮流。」如果一個人整天只是抵制潮流，是不成熟的，是典型的「憤青」。**真正的最反主流的行動，不是抵制潮流，而是在潮流中不要丟棄自己的獨立思考。**當別人跟你說話時，你可以附和他，也可以反對他，但一定要在自己思考過後，形成自己的判斷。

## 成功就是打造壟斷的企業

### 壟斷企業的謊言

我們都知道，美國 Google 是搜尋領域無可爭議的巨頭，但 Google 從不宣稱自己是壟斷企業，整天對外講：「我不是壟斷企業，我其實賺得很少。」為什麼呢？它把自己定義為多元科技公司，把所處的市場定義為科技類消費品市場。這個市場包括了西門子、索尼等，這樣它在這個大市場中只占〇・二四％的份額，所以不能被分割。因為在美國，企業如果達到壟斷級別，有可能要被拆分。

這就是 Google 的謊言。實際上，Google 在搜尋領域占比六八％，而搜尋市場的利潤有多高呢？Google 在二〇一五年創造了五百億美元的價值，利潤率高達二一％。與之相對的是航空公司，航空公司的利潤率只有 Google 的一％。航空公司屬於傳統產業，每年創造約幾千億美元的價值。公司客流量那麼大，可是究竟能賺多少錢呢？平均每位乘客盈利三十七美分。因為航空公司競爭太激烈了，而 Google 是壟斷的。

很多人會問：「競爭不好嗎？競爭以後價格就會降低。」可是仔細思考一下，Google 賺了那麼多錢，賺用戶的錢了嗎？Google 有沒有讓社會的交易成本變高呢？有沒有讓你覺得生活不舒服呢？你有沒有被 Google 剝削過？或者你有沒有被微信剝削過？非但沒有，反而一直在受益。

彼得・提爾認為，我們應該扭轉對壟斷的觀念，在靜態的社會中，壟斷才是一件壞事。所謂靜態的社會是指接近零和賽局的社會，社會中的資源是有限的，一人占有，其他人都不能再擁有。而**動態社會的價值是創造出來的**，當 Google、百度、阿里巴巴或騰訊這樣的公司創造出大量的價值後，能賺到自己應得的部分，且其他人並沒有因此而受損。所以目前的社會，完全可以稱為一個動態的社會。

彼得·提爾強調，壟斷是一件好事。**我們要做公司，就要想辦法打造一家壟斷的公司。只有壟斷，才能擁有足夠的利潤空間，才能保證足夠的研發和創新投入，才能產生更大的競爭優勢。**這就是《從0到1》中一個非常核心的理念。

## 重新認識競爭

為什麼人們會喜歡競爭呢？彼得·提爾認為：**「競爭不只是一種經濟概念，還是一種觀念。」**我們從小到大一直被教育，必須打敗別人，才算成功，所以我們循規蹈矩地去和別人競爭，追求成功。彼得·提爾是史丹佛大學法律系的畢業生，畢業以後本來打算去法院當書記員。這個崗位的競爭十分激烈，每年只有十幾個學生從數以萬計的學生中脫穎而出。他在面試階段還是失敗了，備受打擊、意志消沉，覺得自己連個書記員都拚不過別人。很久以後他才意識到，這次失敗對他的人生多麼重要。如果他當時成功了，那麼美國只是多了一個書記員或一個法官，但少了一位創業梟雄，也不會出現PayPal，更不會存在一個改變人類支付方式的人。

有時，我們會執著於一次競爭的成敗，只是因為內心的競爭需求，而不管那件事對社會到底有沒有價值。我們跳出競爭本身，去看待更遠大的目標時，才能放下對競爭的執著，想辦法回避競爭。

彼得・提爾最開始也面臨著嚴酷的競爭，他和伊隆・馬斯克都在研發行動支付，做的產品也幾乎一模一樣。競爭到最激烈的時候，彼得・提爾公司的一位工程師竟然想炸掉對方的公司。這位工程師居然在開會時認真向大家建議：「我昨天晚上研發了一枚炸彈，我們拿它炸掉伊隆・馬斯克的公司，你們覺得怎麼樣？」此言一出，竟然有很多工程師參與討論這枚炸彈應該怎麼安置。競爭已經把人逼瘋了，大家已經不再關注真正的目標，而是想方設法把對方幹掉。兩家再這樣繼續下去，網路嚴冬到來之前，如果拿不到足夠的投資，就都會倒閉。二〇〇〇年三月，也就是網路泡沫破滅的前夕，兩家公司選擇了五〇％對五〇％的合併。合併之後，它們成為市場上唯一的領軍者，迅速拿到了融資，這才有了今天的 PayPal。

這下大家明白為什麼滴滴和快滴、優酷和土豆都要合併了吧。生活中的確需要競爭，在找不到合併的機會，或者合併成本過高時，一定要競爭。競爭時要快刀斬亂麻，又快又狠地結束戰鬥，千萬不要陷入一種越戰式的泥沼中。

## 壟斷企業的特徵

人人都想打造一家壟斷的企業，可是壟斷企業究竟有什麼特徵呢？《從0到1》提出了壟斷企業的四個特徵：專利技術、網路效應、規模經濟和品牌優勢。符合這四個特徵的，才能被稱為壟斷企業。

## 專利技術

你所創造的產品，應該比已有產品具備十倍以上的優勢，才能被稱為一個有效的專利技術。PayPal支付比去銀行轉帳提高了至少十倍的效率；你透過亞馬遜、京東網或當當網買的書，比在新華書店買的書多不止十倍，而且還更便宜了；透過我們的讀書會一年讀五十本書，而以前一年也讀不了兩三本書，效率也提高了十倍以上……這些都是有效的專利，都是從0到1的創新。

## 網路效應

網路效應就是可以透過網路人帶人的方式，不斷增加使用者。Facebook的用戶一開始只有祖克柏的同學，後來大家覺得很有意思，就邀請他們的朋友加入。他們的朋友用過之後也覺得不錯，就邀請朋友的朋友加入，這時候網路效應就逐漸蔓延。PayPal一開始只有二十四個用戶，就是公司的二十四名員工，之後也是靠網路效應傳播開的。

最典型的案例還有滴滴打車。據說滴滴最艱難的時候，監控車的螢幕上就只剩下六輛車。

為什麼一開始司機都不用呢？因為沒有人用這個軟體叫車。乘客為什麼不用這個軟體叫車呢？因為根本叫不來車，這就形成了一個惡性循環。結果負責人就看著螢幕上僅剩六輛車，他想：要不然就別做了吧，可是如果解散了，這六個司機怎麼辦呢？他們不就被騙了嗎？安裝了半天，什麼都沒有。算了，還是咬咬牙堅持一下吧。於是，他雇了一批大學生上街叫車，攔下一個司機就問「有沒有安裝滴滴」，沒裝，不要，又攔下一個，「有沒有裝滴滴」，又沒裝，還是不要……這些大學生不停詢問，增加了司機對滴滴的認識。這時候就開始有司機好奇什麼是滴滴、怎麼安裝、怎麼使用。安裝好以後，負責人又雇了一批人，專門用滴滴軟體叫車，讓司機都認同用滴滴可以賺到錢。司機開始慢慢增加，這時候再給司機補貼，司機獲得了補貼，就開始口耳相傳。

「我這個月賺了五千！」

「你怎麼賺那麼多？怎麼回事呀？」

「哦，我用了滴滴，這裡面有補貼。」

使用滴滴的司機多了，民眾就會發覺用滴滴叫車確實方便，乘客也慢慢多起來。這就是網路

**效應，從一小部分人開始逐漸蔓延。**

規模經濟

壟斷企業的第三個特徵就是規模經濟。如果只有兩萬人用 Google，Google 早就賠死了，因為它擁有大量的機房、工程師，固定成本很高。但如果地球一半以上的人都在用 Google，規模經濟就出現了，它的邊際成本趨近於零。所有的壟斷企業最後都要去打造**一個邊際成本為零的生意**：每增加一個客戶或減少一個客戶，對於企業的成本幾乎沒有影響。

品牌優勢

無論是蘋果、Google，還是華為，都在竭盡所能地打造自己的品牌。因為競爭激烈的紅海中，最值錢的還是品牌。迪士尼二〇一五年的營業收入為五百億美元，其中電影收入為七十億美元，雖然占比不大，但對於迪士尼來說十分重要。電影為迪士尼創造出了無數無價的人物形象，再使用這些人物形象時，邊際成本就趨近於零。所以它可以不斷擴大規模，成本也會不斷降低。

中國人做生意的品牌意識遠沒有那麼強，很多生意人醉心於產品，但疏於打造品牌。我有個同學做手機內建應用程式，他發明了一些小應用程式，然後賣給各種手機廠商。我問他：「你現在怎麼樣？還做手機應用程式嗎？」他說：「做不了了，總有人模仿我，然後把價格壓低，送給手機廠商，我就沒辦法了。我只能再發明新東西。」他總覺得自己發明的東西和消費者沒有關係，不需要讓消費者知道，只要搞定大客戶就可以了，這就是沒有品牌意識的表現。**如果沒有品牌，就永遠沒有定價權；沒有品牌，就永遠只能面臨同行的挑戰。**

中國曾經是世界的加工廠，但是代工了那麼多價格昂貴的產品，卻只能賺取微薄的利潤，這就是沒有核心技術和品牌的結果。當國際經濟環境變化，中國人工成本上漲後，中國第一批倒下的就是這些代工企業。**有品牌才能有壟斷。**

# 創業的心態

## 運氣和能力

成功到底是靠運氣，還是靠能力呢？彼得．提爾認為，如果成功是靠運氣的話，就不存在賈伯斯、祖克柏這樣的連續創業成功者了，其實彼得．提爾也是他們中的一員。美國文學家愛默生（Ralph Waldo Emerson）曾說：「**只有淺薄的人相信運氣和機緣，強者只相信因果。**」什麼是因果？就是春天播種了，秋天才能有收穫。

這個世界有兩種法則：社會法則和自然法則。社會法則就是靠關係，而自然法則就是靠努力。在春天播下種子，不斷呵護它，給它澆水施肥，到了秋天，才能收穫莊稼，這就是自然法則。人的一生中，社會法則偶爾起作用，但是如果你把時間拉得足夠長，就會發現自然法則總是在起作用。

如果一個人短視，就說明他只看到了社會法則，而沒有看到自然法則。我們要懂得從自然法則的角度來看待這個世界。成功不是靠運氣，而是靠因果，你得下很大的功夫，才能得到一個相應的結果。

## 冪次法則

大家認為我們的世界是正態分布的，還是冪次分布的呢？正態分布類似一個鐘形曲線。比如，有少部分人極度富有，少部分人極度貧窮，剩下的大多數人差不多。而冪次分布則是，只有一小部分人極度富有，而剩下的大部分人都沒什麼錢。矽谷億萬富翁兼創投者彼得・提爾認為，**這個世界呈現冪次分布**（見圖表26）。

如果用正態分布的思想來投資，投資人就會像撒網撈魚一樣，把雞蛋放在不同的籃子裡。這個領域投一點、那個領域投一點，每個領域都涉及一些，恨不得分出去好幾百個公司。而彼得・提爾認為，如果用這樣的方式投資，就好像在祈禱——把錢都投出去，然後祈禱大家幫忙賺錢。最後的結果是，你那些賺錢公司的利潤會抵消掉不賺錢公司的虧損，最後還是賺不到錢。彼得・提爾認為，應該想方設法找到可以實現指數型成長的公司，並且只投資這些公司，不只是祈禱它成功，還用自己所有的精力來幫助它成功。成功基金的最佳投資所獲得的回報要等於或超過其他所有投資對象的總和。

冪次法則對於個人也同樣適用，你會怎樣分配自己的精力呢？我見過一些年輕人很努力賺錢，一邊上班，一邊兼職，上下班途中還順道開個滴滴專車，有的還開個淘寶小店。做這麼多事情，短期來看收入也許還不錯，但是精力如此分散，每件事都

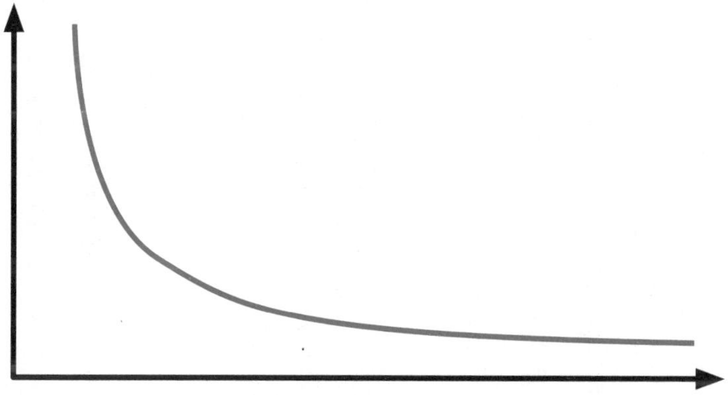

冪次法則指的是事物的發展，其規模與次數成反比，規模越大，次數越少。

圖表 26　冪次法則

做得一般，十年之後會怎樣呢？與其把精力分散在不同領域中，維持一個固定的收益，還不如把精力集中在一點上突飛猛進。比如，就把電商開好，可能一年能夠創造幾千萬元的營業額，或者在公司裡好好做，努力提升自己的專業技能。這就像打井一樣，如果你挖的坑足夠深，最後就能變成一口井；如果你挖的坑不夠深，挖得再多也只是一個一個的坑。

## 始終相信祕密的存在

彼得．提爾宣導大家要相信祕密的存在，這就是我們平常說的好奇心。這個世界上有兩種祕密：自然的祕密和人的祕密。愛迪生發明燈泡，就是發現了自然的祕密。發現自然的祕密也許對我們來說不太容易，但我們可以嘗試著發現人的祕密。

Uber讓我們知道，開車出門的時候，還可以順便載一個陌生人，這就是發現了人與人的關係；Airbnb讓我們知道，旅遊住宿不一定要選擇旅館，也可以住在網友家，可以體會當地的風土人情，還能得到安全的保障，這就是發現了新的人際關係結構……這種祕密是永遠存在的。如果你發現了一個祕密，就可以成立一個小公司，把這個祕密作為核心的創業點，變成現實，然後逐漸放大，不斷擴張。

## 創業前的準備

你發現了一個祕密，準備開始創業時，需要做哪些工作呢？

彼得．提爾認為，首先，你需要尋找合夥人，這是一件至關重要的事。千萬不要和一個一拍即合的人一起創業，如果兩個人完全沒有感情基礎，互相不了解，之前沒有共事的經歷，這就像在拉斯維加斯喝醉了酒結婚一樣有風險。

其次，董事會一定要小。除非你的公司上市，否則董事會不要超過五個人。要分清楚所有權、經營權和控制權，盡量使用全職員工，可以給員工發放股權。願意接受股權代替金錢作為報酬的員工才是可靠的員工，如果一個員工看到一半的薪資都被股權代替後就辭職了，那麼他就不是我們想要的人。

最後，保持創新。只要你在創新，創業工作就不會停止。

另外，要和志同道合的人在一起。徵才時，要選擇那些有抱負的人，而不是貪圖享受的人。要找到那些有熱情、有動力，願意和你一起做事的人。在工作中，要不斷強調你的理念，號召大家為了這個理念而奮鬥。可以透過統一的制服和T恤，啟動大家的歸屬感，讓大家覺得彼此之間是並肩作戰的。當公司所有人團結起來時，員工才會互相扶持，不斷成功。

## 結語

彼得・提爾在《從0到1》的最後強調了人與機器的關係。有人認為，未來機器會和人類競爭，而彼得・提爾並不認同：競爭一定源於共同的需求，當機器和人有共同的需求時，兩者才會競爭。機器只需要有電就可以運轉下去，這與人類的需求不同，而且人和機器的優勢也是完全不一樣的。未來應該是人與機器結合的時代，人與機器優勢互補，最後形成一個新的世界。

# 14｜新創企業的成長思維

創新的艱難程度，就好像你想讓一頭大象飛起來一樣。

——史蒂文・霍夫曼（Steven Hoffman）

推薦閱讀：《讓大象飛》（*Make Elephants Fly*）

## 引言

如果你是一位創業者，相信你一定被這些「子彈」擊中過：創業金點子哪裡來？成功的創業人士是什麼樣子的？初創公司有哪些陷阱等著你？你的初創團隊裡應該包含誰？他們又該有何種特質？你的產品做到什麼樣，才能真正受到用戶的歡迎？

史蒂文・霍夫曼是矽谷重量級的創業教父、天使投資人、演講人，他是《富比士》（*Forbes*）雜誌排名第一的創業孵化器Founders Space的創辦人，人稱「霍夫曼船長」。他畢業於南加州大學，曾經做過好萊塢的劇本製作人，開過手機娛樂公司、互動媒體公司和軟體開發公司。在Founders Space，他致力於全球資源的連接與整合，多年來培訓、指導了全球數百家初創公司的創辦人，包括廣為人知的Instagram創辦人。他在舊金山和這些創辦人一起工作，幫助他們理解創新的基本方法、模式和矽谷的理念，並實際運用這些方法和理念推出具有革命性的產品和服務。來自亞洲、歐洲和美洲等的五十多家全球合作夥伴都在廣泛採用他的團隊開發的創業培訓課程。他也常在矽谷及世界各地的科技及商業大會上發表演講，活躍於全球科技和創業社群中。

霍夫曼船長的《讓大象飛》，是一本為創業者量身定做的創業指南。從創業團隊的人員配備，到創業融資的成敗，再到團隊的高效管理；從創業者的心理素質，到創業者的獨到眼光，再到企業賴以生存的根本：霍夫曼船長三百六十度無死角地呈現了一家公司從初創，到驚豔，再到立足，最後到穩定的全過程，可謂《從0到1》的實踐版。

## 尋找方向：找對浪潮再起步

### 創業公司不能太有錢

一家初創企業不能太有錢，這是最讓我印象深刻的一句話。也許很多人認為，初創企業應該儘早拿到更多的風險投資，這是不對的。每家初創企業都有一個商業計畫書，創辦人可以拿著它去融資，去尋找合作夥伴。當你獲得充裕的資金時，你容易掉入最大的陷阱：你會按照商業計畫書按部就班地實施。但實際上，沒有任何一個創業項目是可以按照計畫完成的。這也就是為什麼有很多創業公司，尤其是明星的創業公司或風口上的創業公司，會在資金到位、一步一步執行計畫時，突然發現到了某一步，下一輪的融資無法到位，於是就轟然倒塌了——你已花光了所有的預算，而業績和資料並沒有達到預期。

我們讀書會最早的產品是一堆PPT，而不是像現在這樣的音檔、影片。最開始，我把解讀內容的構思做成幾千字的PPT發給客戶，覺得這就是說服大家讀書最好的方式。我把核心內容都濃縮了，精簡成PPT，一目了然，多好。人民幣三百元，一年五十個PPT，發出去後，有一天突然收到了退信，原來是被當作垃圾郵件了。這麼有內容的PPT怎麼就變成「垃圾」

了呢？這還是客戶自願付款購買的。後來我們一問，這個PPT根本沒多少人看。幸虧我們當時沒有錢，如果當初有兩千萬或三千萬的資金，我們的做法很可能是不斷優化PPT，讓更多銷售人員去推廣PPT了。由於沒有充足的資金，當發現大家沒有時間和習慣去讀PPT的時候，我們唯一能做的就是改變和調整。最後我們從做PPT轉變成微信講課，從一個群、兩個群，到公眾號，直至現在的APP。

**創業公司初始階段資金匱乏，其實是值得慶幸的一件事，你會因此不斷調整產品，而不是盲目擴張。**

## 技術沒有你想像的那麼重要

「技術沒有你想像的那麼重要，反而有時候你可能會跌入這個陷阱中。」霍夫曼船長如是說。他其實是一個著名的風險投資家，這裡所說的技術陷阱是指，當擁有了一項專利技術時，你就會執迷於這項技術，認為未來所做的一切事情都是為了儘快推動這項技術。當技術成為夢想本身的時候，它就有可能帶給你大量的傷害。

中國創業投資實境秀節目《給你一個億》出現過很多「發明狂人」，他們有著各式各樣的發明，精采紛呈，但他們所有的商業模式都是僵化的，其最終目標都是必須把那個技術實現。霍夫曼船長列了一個發明人的名單，很多發明專家雖然做出了偉大的發明，但他們都是貧窮的，其中就包括塞爾維亞裔美國人特斯拉（Nikola Tesla）。特斯拉是電動機的實際發明人，但他一輩子都守著這一項技術。相比而言，愛迪生就是一項偉大的創意商人，他擅長把各種各樣的發明變成公司的專利，再轉化成產品賣給大眾。

創新並沒有我們想像中的那麼重要，比如 Uber、Airbnb、摩拜單車（Mobike）、ofo 小黃車、亞馬遜等，這些公司都不是靠高新技術來打造的，它們靠的是商業模式的創新，靠改變人與人之間的關係，形成新的業務或新的產品。技術遠沒有大家想像的那麼重要，甚至很多創新都是從模仿開始的。「模仿」並不是絕對錯誤的，很多偉大的企業都是從模仿開始的，但它們絕不止於模仿。它們在模仿的基礎上稍做改進，青出於藍而勝於藍。

## 創業從解決問題開始

偉大的創意都始於解決我們身邊的問題。Facebook 創辦人祖克柏靦腆內向，就像美國電影《社交網戰》（*The Social Network*）裡說的那樣。祖克柏不善於和女生交流，但他又想交女朋友，於是就開發了一個平台，可以讓大家把內涵展現出來，可以互相搭訕聊天，於是出現了 Facebook。

雖然成功的企業都解決了偉大的問題，改變了人們的生活，但最初可能是從解決身邊的小問題著手的。當你從身邊細小的創意點開始出發的時候，創業的方向才可能走對。

## 準備啟航：組建初創團隊

### 兩個比薩原則

創業初期的團隊要限制在五個人以內，也就是亞馬遜CEO貝佐斯（Jeff Bezos）說的兩個比薩原則：買兩個比薩，如果你的創業團隊吃不飽，那麼這個團隊就太大了。原因是什麼？平等。當創業團隊超過十個人之後，政治就會出現，說話的人就會擔心說出的話會不會得罪人、會不會有面子問題，人家是主管，會不會不合適。有了主管，就有了層級，也就有了政治，效率就會降低，速度就會變慢。

出於平等和效率的目的，創業團隊一定要小，五人以內最佳。這些人中有四類角色不可或缺（見圖表27）。

1. CEO，他是團隊中的領導者，他要不斷明確夢想，並且帶領大家一直向著夢想堅定地走下去。
2. CTO，就是技術專家，他負責設計整體的框架，把創新計畫在技術層面落實。當然，CEO和CTO可以是同一個人，像祖克柏，他既是一個思路明確的CEO，也是一個可以彎腰程式設計的CTO，這就是完美的組合。
3. 設計師，他需要設計出符合人體工學、非常漂亮、讓人感覺舒服的產品，有時候他也可以扮演產品經理的角色。
4. 專家，幫助解決某一方面的特定問題，最好是有博士學位的人，或是一個從業經驗豐富的人。

這樣四類人組合在一起，就構成了一個完整的創業團隊。需要注意的是，在這樣的團隊構架中，並不一定是一

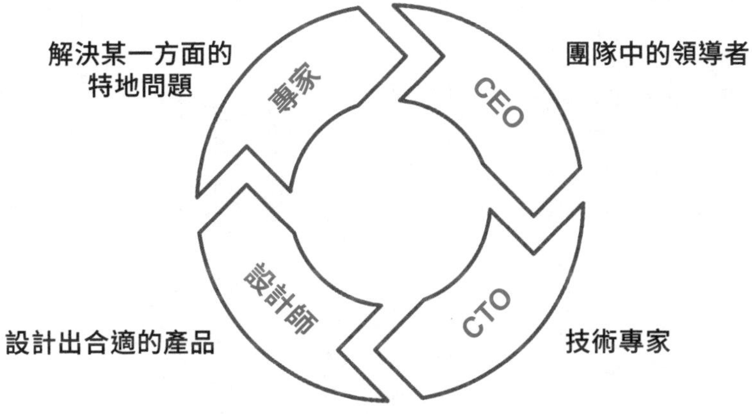


圖表 27　團隊中不可或缺的四種角色

人對應一個角色，同一個人可能同時擁有幾項技能，但整個團隊中每種技能都不可或缺。

## 創意衝刺：優秀是逼出來的

美國有一個黑客馬拉松（Hackathon）活動，就是把一群所謂的黑客、極客或創業者集中在一起，限定四十八小時之內做出一個產品。為什麼要有如此嚴格的時間限制呢？因為人的惰性太強，只有存在最後期限，人的效率才會提高。比如，讓你六十天寫一個計畫書，可能你前面五十天都在思考、體會，整天都在琢磨怎麼寫，最後十天你才會衝刺去寫。人們都喜歡盯著最後期限做事，所以駭客馬拉松只給你兩天的時間，組建一個團隊，拿出一個創意、一套框架和一個計畫書來。結果發現，大量的人在短短兩天內做出的項目都成功了，這些項目後來成了上市公司，或者被大公司收購。

這是一個很驚人的發現，實際上你不需要很多時間，只要把大家都集中在一起，不吃不睡兩天，進行創意衝刺。在這個過程中，不能回家、不能睡覺，就可以將創業公司的潛力發揮到最大。我有的時候經常想，其實真的遇到一個對公司特別好的想法時，我也會興奮得一晚上睡不著覺，滿腦子都是這件事。往往深夜才是你創造力最強、精力最旺盛的時候。

但是，創意衝刺不建議經常做，畢竟這對身體不好。在創業的初期，進行幾次創意衝刺，能夠幫助我們更快獲得新想法，有了新想法再去投資。

## 融資！融資！

企業投資和內部創業有什麼區別？霍夫曼船長說，這個世界上有越來越多的獨角獸公司（估值在十億美元以上的公司）。對於擁有五億美元以上的大型基金來說，大量的資金意味著風險投資人需要儘快地把錢投資給創業人。只有那些擁有巨大潛力的公司，才有空間接受數千萬甚至幾億美元的資本，這一現象就促成獨角獸公司的爆發。

比如，一家擁有數億美元的創業公司，投資一百萬美元給一個新公司，即便你知道這家公司五年之內會給你帶來十倍的收益，但是這一千萬美元對於一支十億美元的基金而言，也只是一個捨入誤差。因此，一家公司起步的時候很難和大VC（風險投資，venture capital，在這裡理解成創業投資者更為妥當）談投資，因為他們要把有限的人力和時間花費在更大的項目上，他們盯著的是那些有足夠分量的公司。中國奇虎360公司董事長周鴻禕說他不做共用單車，因為連車的顏色都被用光了。一個風口被發現了之後，就會湧入大量資金，原因是投資人急於把錢花出去，這就是為什麼很多獨角獸公司只是估值虛高，最終依然會倒下。因為它們沒有做出好的業務模式，只是吸引了大量的投資而已。

除了大投資基金，哪些管道可以融資呢？最合適的是天使投資和種子投資。不少天使投資人是大學教授（美國很多大學的教授都有自己的創業公司）或影視明星，在中國也有Star VC這樣的公司。這些人的年收入較高，從一年幾百萬美元的收入中，拿出幾十萬美元做投資完全沒有壓力，像徐小平就是比較典型的喜歡播撒種子的人。還有一種投資方式叫作企業投資，它更看重的不是創業企業的資金流，而是創業項目對於它的策略意義，一旦這家小公司孵化出來，將對整個企業的策略布局大有好處。最後是內部創業，創業並不一定要離職創立一家新公司，也可能與原公司老闆協商，從公司內部孵化一個新企業。以上都是創業的融資方式。

## 如何識別機會？

霍夫曼船長說，要從五個方面來識別創業公司是不是有潛力（見圖表28）。

1. 看團隊。不僅僅看CEO，還要看其他團隊成員。如果只是CEO幹勁十足，而其他人都無精打采或者可有可無，很有可能是CEO的領導力有問題，沒有將團隊的熱情激發出來。反之，如果整個團隊和CEO一樣熱情又有幹勁，樂於分享並且願意打拚，甚至團隊都住在公司不回家，就說明這是一個很好的團隊。

**2. 看客戶**。一個產品寧可讓一百個人尖叫，也不要讓一百萬個人說還好。當我們針對產品做使用者回饋時，人們會礙於情面說「還不錯」、「挺好的」，這樣的回饋沒有效果。只有對方說「太棒了」、「我非常喜歡」，才是客戶對產品的真正認可。

**3. 看產品**。產品不一定要十分酷炫，而要能真正解決問題，這樣的產品才是好的產品。

**4. 看市場**。所有的優質企業都是從一個看似很窄的市場切入的，比如 Facebook，就是從哈佛大學的學生中擴散出去的。如果是沒有前瞻性的人，會認為這只是學生之間的社交工具，而有眼光的人會看到其背後無限延伸的市場：所有人都需要社交。好的機會市場的特徵就是，切入很窄，但是前景宏大。

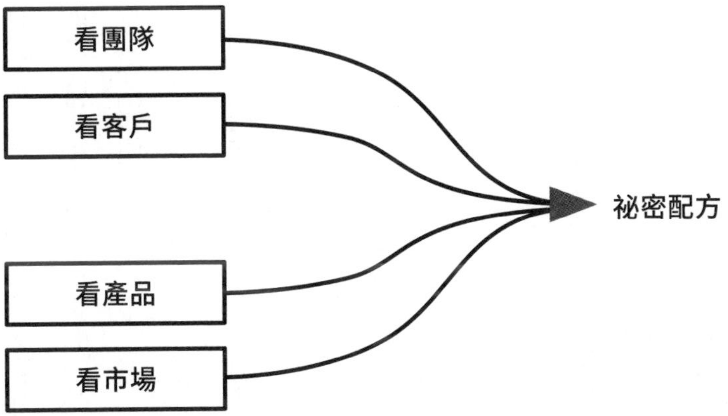


圖表 28　識別企業潛力的五大面向

**5. 獨家占有的祕密配方，就是門檻。**可口可樂、麥當勞都有獨家配方，做科技企業也需要有核心技術作為祕密配方。Facebook做到現在幾乎沒有祕密可言，它的所有內容都向大眾公開。而它的祕密配方是內部創新，這家公司獨有的基因是別人無法模仿的，外人看到的只是呈現的形式。大家總是驚嘆他們為什麼總有新的東西冒出來。

你從團隊、客戶、產品、市場和祕密配方五個維度來考量一家公司的時候，就會找到這個市場上真正的大機會。

## 打造產品：愛它，但別太愛

霍夫曼船長說：「**愛你的產品，但別太愛。**」產品的「爹娘」們往往會陷入「製造者陷阱」，他們會對產品產生感情，無法客觀評價。有一句成語叫「敝帚自珍」，用外國人的話叫「IKEA效應」（IKEA Effect）：給你兩套家具，一套是專業人士為你組裝好的，另一套是你從IKEA買回來自己組裝的，家具都是一樣的，而大部分人會留下自己組裝的那一套家具。

他們還找來小孩子疊青蛙測試，幾乎每個小孩都覺得自己疊的要比正常水準高一點。

怎樣才能知道自己產品的缺點呢？千萬不要關起門來埋頭苦幹開發自以為完美的產品，最好的辦法是：當產品有一個雛形，可以對外銷售的時候，把它推向市場試試看，這樣才能確定你做的東西是否有人需要，而**那些給你錢的客戶才能夠給你真正的回饋**。

大家可能都玩過猜數字的遊戲，給定範圍，比如一百以內，一個人寫下數字，由另一個人來猜。如果完全沒有回饋，純粹瞎猜，多少次能猜中呢？至少幾十次才可能碰上。但如果猜的人每猜一次，寫的人就給出回饋——「高了」或「低了」，可能十次之內就能命中，這就是回饋的作用。

## 破除三條普遍的商業信條

這裡有三條普遍被認可的商業信條：

1. 在低利潤的業務中，降低成本是成功的關鍵。
2. 提供獎金會讓員工的工作更出色。
3. 追究工作人員的責任可以減少人為的錯誤。

這三條看似很有道理，但其實都是錯的，而且具有時效性和局限性。美國最有名的廉價航空公司西南航空公司，它的薪酬待遇是全美最高的，比美聯航高得多。而美聯航不斷壓縮員工成本，使得員工收入不斷降低，導致員工的服務態度持續變差。這種措施看似在節省成本，實際上影響了公司的收入。

多給獎金，員工工作就會更出色嗎？人力資源專家發現，獎金對員工的激勵作用會讓員工的工作狀態越來越糟糕，因為他做每一件事都會考慮這件事值多少錢，獎金損耗了他對工作本身的追求。

第三條更有意思，在西南航空，員工犯下的錯誤不會受到追責，因為一旦追責，就可能在之後導致員工為掩蓋自己犯下的錯誤而造成更大的損失。當一家公司對它的員工變得寬容的時候，員工的失誤率反而會下降。他們會從每一次錯誤中反思改進，避免下一次的失誤，甚至提升工作的品質。

## 質疑你的計畫書

我們最初寫商業計畫書或打造產品時，都是基於未經驗證的想法，我們會對客戶有一個假定的需求，然後開發自己的產品。我們之前投資過一家公司，創業者認為產品功能越多，競爭力肯定越強，這就是一個未經驗證的想法。當他花了大力氣去增加產品功能的時候，這些功能對用戶來說都是負擔。

霍夫曼船長說，**打造產品之前，一定要逐字逐句質疑你的計畫書，因為對於寫下的每句話，你都要負責**。如果我們的目標群體是九〇後的小女生，要問問八〇後的為什麼不能被囊括進來，這兩個群體的消費習慣有什麼不同。創業團隊需要不斷質疑，不斷挑戰自己的固有思路。當你逐字逐句梳理完計畫書之後，會發現原來的計畫可能是失之偏頗的，有些我們假想的基礎不夠牢固，所以在此基礎上的計畫也存在一些問題。經過批判性的思考再開始創新，這時候你的負擔就輕了很多。

如果你是一個行業的新進入者，你就可以「折騰」這個行業。反過來，那些老牌的既得利益者可不敢這麼折騰。Skype 為什麼發展得很快？因為所有的電信公司都是收費電話，只有它是免費的。電信公司不會為自己革命，不會自己開發免費的產品去和 Skype 競爭，只能眼睜睜地看著它「折騰」。這麼一個新技術在「折騰」，沒人和它搶，也沒有人反擊，所以當你本著「光腳的不怕穿鞋的」這種想法去做市場的顛覆者時，空間是非常大的。

## 用設計為客戶解決真正的問題

Airbnb 創業之初遇到的最大的難題，就是沒人敢去陌生人家裡住，很多人都質疑這個計畫是否行得通，只有特立獨行的背包客、沙發客、年輕人才敢去嘗試這樣的事。很幸運的是，Airbnb的三個創辦人中有兩個是設計師，他們在美國羅德島設計院學（Rhode Island School of Design）習時就已相識，明白什麼是設計思維的基本原則。這個創業項目的挑戰是如何才能讓人們接受共用空間生活，即便他們完全是陌生人。為了實現這個創意，Airbnb 的網站提供了溫馨而友善的描述和說明，每個客戶檔案的照片都放得足夠大，這樣你就可以清楚看到房客或房東的形象；網站還提供了足夠的空間，允許房客和房東對自己進行文字介紹；對客戶的評語被放在客戶檔案中非常醒目的位置。這兩個創辦人還考慮如何建構房東和房客的對話和交流，他們的聊天文字方塊要有多大，按鈕要放在哪個位置，要用什麼樣的系統。

Airbnb 是一個設計傑出的產品，這絕不是從簡單的美觀來考量的。每一個美的要素背後，都包含著人們的心理需求：人們渴望了解房東是什麼樣的，房東也渴望了解租客是什麼樣的。這些資訊在網頁上一目了然，本來一個廣受懷疑的業務就這麼被設計師給解決了。**並不需要什麼高科技，只需要真正的設計去幫助人們解決問題。**

Uber 為什麼了不起呢？它就一個鍵，一鍵下單後就會給你媒合一個司機，準點到達。這就是一個好產品的特點：客戶操作的介面一定要足夠簡單，至於複雜的關聯由企業後台自己去做。這就是我們打造產品的思路：你必須愛它，但別太愛，敢於顛覆自己既有的產品，才能把產品做得越來越好。

## 鎖定市場：吃透你的客戶

### 用戶的建議是創意的靈感來源

鎖定客戶，就是要知道誰是你的客戶，並且需要在他身上花時間。發明家創業很難成功，因為他們只關注技術，既不知道客戶是誰，也不去觀察客戶，更不用說去獲取客戶的回饋。星巴克做了一個網站——我的星巴克，其中有一欄你可以點擊留言。他們從中蒐集了上百萬條全球客戶的建議，包括用什麼樣的攪拌棒、怎麼防止飲品溢出、如何高保溫等，這些問題的解決方法都來自客戶的創意，因為喝咖啡的人才知道自己的需求。

也許你會說，星巴克比較容易做市調，因為它的客戶門檻不高，每個人都可以參加，但如果是高新技術，怎麼讓客戶參與呢？福特汽車（Ford Motor）創辦人亨利・福特（Henry Ford）當年就說過一句很自負的話：「我從來不問客戶的需要，因為他們永遠只會說『我需要一匹更快的馬』。」、「客戶哪會知道還有汽車這樣的東西，他們只想要更快的馬，只有我才能發明汽車。」試想，如果賈伯斯去問諾基亞的用戶想要一個什麼樣的手機，幾乎不會有人告訴他「我想要一個只有一個鍵的手機」。

## 提出正確的問題

詢問客戶是必要的，但是要注意詢問客戶的問題。當年，川崎摩托車（Kawasaki）發明了一款水上摩托車——人可以站在水上開摩托車。後來，他們問客戶哪裡需要改進，客戶回饋摩托車應該加兩個配重箱，這樣駕駛時就會更平穩，不會太顛簸。川崎公司乖乖照做了，加了兩個配重箱，結果摩托車還是站著開，速度卻變慢了。這時，它的競爭對手發明了可以坐著開的水上摩托車，輕輕鬆鬆擊敗了川崎。川崎很疑惑，明明是客戶回饋要加配重箱，為什麼加上反而賣不好了呢？其實，客戶要的是舒適感，不是配重箱。如果客戶提出想要更舒服的摩托車，獲勝的可能就是川崎公司了。而川崎問的是：「你們想要什麼樣的摩托車？」這種結果導向的問題，是無法從消費者那裡得到答案的。如果你問「希望改善哪裡」，他們就會給你正確的回饋。

**問客戶的問題一定要基於結果，而不是基於解決方案。不要企圖從客戶身上找到解決方案，**

解決方案需要你自己找。寶潔公司在墨西哥做了一款高效洗衣精，只需要普通洗衣精用量的三分之一就可以把衣服洗乾淨，但這款新洗衣精銷量並不好。他們經過市調發現，原來墨西哥人衡量洗衣精好用的標準是泡沫要多，所以寶潔又做了調整，增加他們洗衣精的泡沫量，銷量立刻就提升了。**認真傾聽客戶的聲音，你才能真正找到改進產品的空間。**

## 不要迷信「淨推薦分數」

《讓大象飛》介紹了一個顛覆大家認知的理論：對於產品，不要迷信淨推薦值。淨推薦值是指，使用者使用了某件產品，有多大的機率會向別人推薦這個產品，是每百人中有三到五個，還是每百人中有十幾個？淨推薦值聽起來很重要，因為沒人推薦的產品肯定不是好產品，但事實並非如此。首先，淨推薦值最高的是不計成本的產品，人們更樂意分享免費的產品。你讓客戶占了便宜，但會給公司帶來更大的損失，而且公司不會因此而賺錢。其次，面向大眾的產品，淨推薦值不會很高。很少會有人向你推薦沃爾瑪的產品，因為沃爾瑪沒有那麼讓人滿意，裡面的東西看起來有點亂，但是便宜。在美國，被批評最多的超市就是沃爾瑪，它的不滿意度最高，但是去沃爾瑪買東西的人還是很多，因為它銷售的就是普通的產品，雖然淨推薦值很低，但依然可以占有市場。最後，如果這家企業是壟斷的，根本就不需要淨推薦值，因為客戶只能從你這裡買。

迷信淨推薦值不是創業者應該做的事，應該考慮的是基於總價值的推薦率。如果你的產品可以保證一定的利潤，並且能在高潛在人群中帶來推薦率，這個產品就是好的。千萬不要被創業的趨勢迷惑，如果沒有足夠的能力，沒有後續的融資能力，就不要走「燒錢」這條路，也不要去「燒」淨推薦值。

## 持續創新：基業長青的祕訣

企業發展是一個動態的過程，不可能一蹴而就。要想基業長青，必須持續創新，依靠內部創新獲得源源不絕的發展動力。**企業所做的產品最終都有可能被客戶模仿，只有內部創新才是企業的核心能力**。它透過源源不絕提供創新的技術、設計、服務，讓客戶感知到，這才是企業立於不敗之地的根本。

### 好好利用每一個員工的獨特想法

保持內部創新的文化並非易事，當一家公司獲得成功之後，就會畏首畏尾、患得患失，特別是當公司內部有明確的責任機制，也就是存在「績效主義」時，所有人都被KPI束縛，只會做出盡量不犯錯的最佳選擇。這種方式會導致庸人當政，因為勇於創新的人是很難不犯錯的。**一家公司想要永保創新的動力，應該珍惜員工的想法，給予員工犯錯的機會，鼓勵員工積極探索實踐。**

為了激發創新，Adobe公司的創新副總裁推出了一個被稱作「啟動盒」的項目，他們做了一個紅色的盒子，裡面放了一塊溫馨的巧克力、一張星巴克的禮品卡和一張預存有一千美元的信用卡。他們向員工發放了一千個這樣的盒子，允許他們自由使用這一千美元用於他們的創意，並且在全球範圍內舉辦研討會。現在，Adobe在它的網站上給消費者也做了這樣一個紅盒子，蒐集客戶的回饋，當然，裡面不會有巧克力、星巴克卡和信用卡了。其實，每個公司都應該設置一個紅盒子，讓員工可以將自己的想法和創意表達出來。

創新的企業文化包含以下四個特徵：

1. **不斷慶祝創新的行為。**只要出現了創新的行為，就要有慶祝的舉動。
2. **允許越級彙報。**如果你是一個創意菁英，你的員工越級彙報，但是順利解決了一個問題，你應該對他表示感謝。當你放下所謂的「辦公室政治」時，你才能真心誠意地解決產品問題。

**3.** 讓員工像領導一樣做事。共用領導責任，培養員工的主人翁意識。

**4.** 積極啟發員工。鼓勵員工參與到公司創新的過程中。

### 從失敗中獲取新的洞見

對於一家公司來說，最可怕的不是失敗，而是沒有在失敗中獲取洞見，要真正做到「吃一塹長一智」。愛迪生發明燈泡時曾說：「我不是失敗了九百九十九次，我是找到了九百九十九種行不通的方法。」從這個角度解讀失敗，才會收穫更多。

## 高速運轉：走在市場的前面

### 速度意味著一切

當前創業者面對的業態每六個月就會發生變化，形勢瞬息萬變，企業唯快不破。Facebook一位高管曾說：「我們唯一的優勢就是速度。」因為Facebook的技術、模式已經沒有祕密可言，保持競爭力的唯一方式就在於內部的高效運轉，對產品進行快速反覆運算，每個反覆運算週期都是一次機會，學會「快速失敗」，拒絕苟延殘喘。

## 保持團隊多元化

高速運轉還需要保持團隊的多元化，讓團隊成員突破邊界。團隊成員應該有不同的視野、想法和背景，其中包括機會主義者、領域專家、溝通者、講故事的人、推進者、組織者和外來者。這樣的多元化才能激發團隊活力，產生不同觀點和意見。為了保持創新活力，團隊成員要勇於嘗試去做截然不同的事，不畏懼新的創意、新的知識、新的體驗，學會重塑自己體驗世界的方式。

## 結語

霍夫曼船長總結了七項不公平競爭優勢，也就是初創企業獲得成功的七件法寶：

1. 做出一個比預期產品好得多的產品：至少要好上幾個數量級。你為客戶提供更多價值，才能抓住和維繫客戶。
2. 創造一個全新的市場：讓你的新產品定義一個全新的市場分類。
3. 顛覆現有的市場：成為第一個利用新技術、新模式顛覆市場的人。
4. 抓住網路效應：這是高速成長的法寶。
5. 形成壟斷：想辦法拿到市場中排他性的經銷權。
6. 鎖定長期客戶：提高客戶的轉換成本。
7. 建立品牌：優質的品牌可以讓消費者更加信任和依賴。

不過需要我們警惕的是，霍夫曼所宣導的這些創業創新規則仍然是經驗層面的總結、洞見，而非普遍規律，需要每個創業者活學活用，根據自身的特點、資源、條件選用適宜的方法。因地制宜、因時權變才是規律。畢竟，霍夫曼船長也是在不斷的質疑和思考中收穫這些經驗的。

# 參考文獻

1. 《稻盛和夫：工作的方法》稻盛和夫◎著
2. 《匠人精神》秋山利輝◎著
3. 《搞定》（*Getting Things Done*）大衛・艾倫（David Allen）◎著
4. 《終結拖延症》（*End Procrastination Now!*）威廉・克瑙斯（William Knaus）◎著
5. 《你可以改變別人》（*Switch*）奇普・希思（Chip Heath）、丹・希思（Dan Heath）◎著
6. 《刻意練習》（*Peak*）安德斯・艾瑞克森（Anders Ericsson）、羅伯特・普爾（Robert Pool）◎著
7. 《關鍵對話》（*Crucial Conversations*）約瑟夫・格雷尼（Joseph Grenny）、羅恩・麥克米蘭（Ron McMillan）、艾爾・史威茨勒（Al Switzler）、寇里・派特森（Kerry Patterson）◎著
8. 《第3選擇》（*The 3rd Alternative*）史蒂芬・柯維（Stephen R. Covey）◎著
9. 《從新主管到頂尖主管》（*The First 90 Days*）麥克・瓦金斯（Michael D. Watkins）◎著
10. 《高績效教練》（*Coaching for Performance*）約翰・惠特默爵士（Sir John Whitmore）◎著
11. 《危機領導力》（*Into the Storm*）丹尼斯・柏金斯（Dennis N.T. Perkins）◎著
12. 《誰說商業直覺是天生的》（*Wired to Care*）戴夫・帕特（Dev Patnaik）◎著
13. 《從0到1》（*Zero to One*）彼得・提爾（Peter Thiel）、布雷克・馬斯特（Blake Masters）◎著
14. 《讓大象飛》（*Make Elephants Fly*）史蒂文・霍夫曼（Steven S. Hoffman）◎著

翻轉學　輕鬆學系列 128

# 工作的本質

## 5 階段 ×14 個工作法 ×28 張圖表，樊登幫助每一個職場人突破工作難關、解決問題

工作的本质


作　　者　樊登
封面設計　Dinner Illustration
內文排版　許貴華
行銷企劃　林思廷
出版二部總編輯　林俊安

出 版 者　采實文化事業股份有限公司
業務發行　張世明・林踏欣・林坤蓉・王貞玉
國際版權　劉靜茹
印務採購　曾玉霞・莊玉鳳
會計行政　李韶婉・許俽瑀・張婕莛
法律顧問　第一國際法律事務所　余淑杏律師
電子信箱　acme@acmebook.com.tw
采實官網　www.acmebook.com.tw
采實臉書　www.facebook.com/acmebook01

I S B N　978-626-349-659-0
978-626-349-697-2（限量親簽版）
定　　價　420 元
初版一刷　2024 年 6 月
劃撥帳號　50148859
劃撥戶名　采實文化事業股份有限公司
104 台北市中山區南京東路二段 95 號 9 樓
電話：(02)2511-9798　傳真：(02)2571-3298

國家圖書館出版品預行編目資料

工作的本質：5 階段 ×14 個工作法 ×28 張圖表，樊登幫助每一個職場人突破工作難關、解決問題 / 樊登著 . – 台北市：采實文化，2024.6
320 面；14.8×21 公分 . --（翻轉學系列；128）
ISBN 978-626-349-659-0（平裝）
978-626-349-697-2（限量親簽版）
1.CST: 職場成功法

494.35　113004718

本書台灣繁體版由四川一覽文化傳播廣告公司代理，
經天津磨鐵圖書有限公司授權出版。
文化部部版台陸字第 113096 號，
許可期間為 113 年 4 月 8 日起至 117 年 6 月 20 日止。

采實出版集團 ACME PUBLISHING GROUP

翻轉學

翻轉學